生没什么不可放下

一 法师 的 人生 智慧

宋默 / 著

畅销纪念版

光明日报出版社

图书在版编目（CIP）数据

人生没什么不可放下：弘一法师的人生智慧：畅销
纪念版 / 宋默著 . -- 北京：光明日报出版社，2024.

7. -- ISBN 978-7-5194-8079-0

Ⅰ . B821-49

中国国家版本馆 CIP 数据核字第 2024XF5121 号

人生没什么不可放下：弘一法师的人生智慧（畅销纪念版）
RENSHENG MEI SHEN · ME BU KE FANG XIA: HONGYI FASHI DE
RENSHENG ZHIHUI（CHANGXIAO JINIAN BAN）

著　　者：宋　默		
责任编辑：徐　蔚	责任校对：孙　展	
特约编辑：王　猛	责任印制：曹　诤	
封面设计：万　聪		

出版发行：光明日报出版社

地　　址：北京市西城区永安路 106 号，100050

电　　话：010-63169890（咨询），010-63131930（邮购）

传　　真：010-63131930

网　　址：http://book.gmw.cn

E - mail：gmrbcbs@gmw.cn

法律顾问：北京市兰台律师事务所龚柳方律师

印　　刷：河北文扬印刷有限公司

装　　订：河北文扬印刷有限公司

本书如有破损、缺页、装订错误，请与本社联系调换，电话：010-63131930

开　　本：160mm×230mm　　　　　　印　　张：15

字　　数：180 千字

版　　次：2024 年 7 月第 1 版

印　　次：2024 年 7 月第 1 次印刷

书　　号：ISBN 978-7-5194-8079-0

定　　价：58.00 元

一念花开，一念花落。
一念放下，万般自在。

前言

　　说起弘一法师，很多人马上就会想到另一个名字——李叔同。他出身富商之家，年轻时锦衣玉食；他爱好广泛，在音乐、戏剧、美术、诗词、篆刻、金石、书法、教育、哲学等领域，均有不凡造诣。"长亭外，古道边，芳草碧连天"，一首《送别》更是感动着许多人。然而，就是这样一位绝世才子，中年时却突然弃绝红尘、遁入空门，过起了一领衲衣、一根藜杖的苦行僧生活，甘淡泊、守枯寂。

　　从出家到圆寂的24年中，法师潜心修行，精研律学，弘扬佛法，普度众生，使失传多年的佛教南山律宗再度复兴。他被佛门弟子奉为律宗第十一代世祖，为世人留下了无尽的精神财富。

　　弘一法师为什么出家？是厌倦了尘世，还是参破了人生？很多人不解。法师生前有一句话，"以出世的精神，做入世的事情"，可以作为他出家的一个最好注解。而说到出家的因缘，大师自己曾这样说："有很多人猜测我出家的原因，而且争议颇多。我并不想去昭告天下我为何出家，因为每个人做事有每个人的原则、兴趣、方式、方法和对事物的理解，这些本就是永远不会相同的，就是说了他人也不会理解，所以干脆不说，慢慢他人就会淡忘的。至于我当时的心境，我想更多的是为了追求一种更高、更理想的方式，以教化自己和世人！"

弘一法师的前半生，过得轰轰烈烈，一切自己所爱的事情，都一件件做来；一切自己应该承受的苦痛，亦一件件承受。他从小失去父亲，长大后失去母亲。在日本，遇到了心仪女子，他大胆追求；身为人师，他亦做到最好，甚至甘为学生的学费而放弃修行，努力工作赚钱来帮助他完成学业。有人会不解，大师为什么要放下这一切出家修行，只有大师知道，如果不放下，他就没有办法实现教化自己和世人的理想。就好比我们手里拿了太多的东西，如果不懂得放下，就会越来越重，而如果遇到更喜欢的东西，却发现已经腾不出手来去接纳它们。这时候，唯有放下手中的东西，才能够得到新的东西。如果一个人既想达到修行的最高境界，又舍不得放下家庭和尘世的一切，就不过是一句空话而已。

　　出家之后，大师放下尘世的一切，甘愿过着常人难以想象的清苦生活，身体力行地参悟人生。我们常说，不是我想有这么多的烦恼，只是人生有太多的牵挂和无奈。其实，人生没有什么不可以放下的，小到邻里之间的纠纷，大到生死，你放下也好，不放下也好，其结局并没有什么改变。不同的只是：放下的人，收获了一份轻松和快乐；而放不下的人，只能一辈子背着包袱过日子，不得快乐。那么，就让大师来教我们如何放下吧！

目录

辑一

放下欲念：修一颗清净心

1. 恬淡是养心的第一法

恬淡是养心第一法。

——弘一法师《格言别录》

恬淡，是一种发自内心的恬静淡泊。古人认为："恬静养神，弗役于物。"意思就是说，恬静可以养神，使人不拘于外物。恬静讲的就是一种"退"的处世态度，万事不萦于怀。保持这种心境的人，在养心方面必然可以做得很好。

现代越来越多的人在追求"养生"，养生包括养心、养性和养身。但不少人只热衷于养身之法，认为只要身体养好了、健康了，就能更长久地享受生活。所以，不少人能坚持每天锻炼身体，吃健康的食物，但很少有人能够坚持每天养心。

有一个朋友的妈妈非常注重养生，每次见到她，她都会不厌其烦地向别人宣讲养生的道理，告诉别人每天要吃什么东西，吃多少、怎样吃，每天要运动多长时间，等等。她一次又一次地申明：只有这样，才能不生病！可是，我每次听到这些却很奇怪，一个人每天从早到晚都为如何给自己准备健康的食物而忙个不停，害怕自己一顿饭吃得不好就会生病。一边养生却一边为身体而焦虑，唯恐自己生病，唯恐自己不够长寿。每天都这样担心，怎么能开心？

如果我们不从养心和养性开始养生，心中有诸多烦恼，有万般欲念，就算身体再健康，不过是一具躯壳罢了。我们所能体验到的幸福，也无非是吃穿玩乐这些享受，人生本身并没有得到真正的升华。

弘一法师认为"恬淡是养心第一法"。他所讲的"恬淡"，归根到底就是要人静心。世间的事纷纷扰扰，容易扰乱人的心境。所以，很多人认为自己心不静，是因为有太多事情在干扰。其实，扰乱我们的不是纷扰的世事，而是不静的心。当我们能把一切外在事物剥离的时候，不管处在什么样的环境中，都能真正享受闲适的生活。

有一次，法师到宁波，住在七塔寺，夏丏尊居士前去探望他。

七塔寺云水堂里住了不少的云游僧人，住的地方很简陋，床铺分上下两层，他住在下层。

他对夏居士说："到宁波已经三天了，前两天住在一个小旅馆里。"

夏居士问："那家旅馆好不好？"

"很好！臭虫也不多，只有两三只。主人待我很客气呢！"

夏居士邀他前往上虞白马湖小住几日。法师的行李太简陋了，铺盖是用破旧的草席包着的。到了白马湖，法师打开铺盖，把破草席铺在床上，摊开了被子，用衣服当枕头，然后拿出一条又黑又破的毛巾走到湖边洗脸。

夏居士说："这毛巾太破了，帮你换一条新的好吗？"

"哪里！还能用的，和新的也差不多。"说着，他把那条毛巾打开给夏居士看。

臭虫不多，主人待他很客气，法师就觉得很开心，这就是恬淡的表现。

如果换作我们，哪怕只有一只臭虫，也会大叫起来，立即找老板投诉臭虫影响了自己的心情。店主人若有一语为自己辩护，我们马上便会认为，店主真是太黑心了！第二天，还要打电话给自己的亲朋好友，说自己旅途中的经历，说这地方的人如何如何不好！真是越说越郁闷，越说越愤怒。其实，说到底也不过就是一只臭虫罢了，却能令你生气好几天。想一想，是不是有些吃亏的感觉？

在这个现实的社会中，何止一只臭虫，有很多事情会使得我们"动"。当我们看到社会的种种弊端时，往往会义愤填膺。

当一个人每天赚10元钱，仅仅能吃饱饭的时候他很轻松，但是幻想着每天赚100元的生活；当他终于过上了每天赚100元的生活，比原来累了一些，却不太满足了，因为有人过着每天赚1000元的生活；他工作更加努力，终于过上了每天能赚1000元的生活，他开始买车子、房子，过上了曾经向往的好生活，但他又开始向往一天赚1万元的生活……我们往往进入这样一个怪圈。我们总以为得到了某些向往已久的东西，心就会安定了、满足了，从此就可以幸福了。可是，得到之后，却觉得不过如此，更大的欲望立刻接踵而来，目标不断提高，我们也越来越累了。因此往往一个人在有了别墅、汽车之后，会变得更不幸福，因为他害怕有一天会失去这样的生活，于是只能更加拼命地工作。逼迫自己每天要赚100万，赚80万就唉声叹气，每天生活在害怕失去名利的恐惧中，背负着巨大的压力生活，怎么能不生病？当然，不是说人绝对不能过这样的日子，有钱也不是什么坏事，而是说，如果这样的日子令我们感到压力倍增、烦恼不断，毫无幸福感可言时，完全可以考虑换一种思路。不一定非得抛弃别墅、汽车这些东西，只要放下固守这些东西的执着心，就算每天赚100万也不觉得得意，每天赚10元也不觉得失意，该吃饭吃饭，该睡觉睡觉，不要逼迫自己，就能立刻感觉到幸福感的提升。

内心恬淡的人，即使穿的是布衣，吃的是粗茶淡饭，也仍能悠然自得，没有一丝不适和不快的感觉。即使面对烦恼和生死，也能安然对待，心中不生一丝痛苦的波澜，这样的人生，并不需要吃穿玩乐这样的感官享受进行配合，一样会感到宁静和幸福。

2. 无它求，无奢望，所以生命强大

寡欲故静，有主则虚。

——弘一法师《格言别录》

"寡欲"就是少欲，和佛家所讲的"清心"是一个意思，但程度有所不同，"清心"有种超凡脱俗的意味，世俗人难以做到，"寡欲"却是可以做到的。人心不静，往往是因为欲望太多。

人有欲望是正常的，人生如果没有一个追求的目标，也会索然无味。对正常的欲望，每个人都可以用正常的途径去追求，从而提升我们的生活质量。但不满足是人的一种本性，我们是永远不会觉得自己的欲望多的。弘一法师所处的时代，大多数人都是粗茶淡饭，能吃饱就是富有了，如果这时候还幻想天天吃肉，那就是奢望了；有衣服穿，冻不着就是福气了，如果还能穿着不打补丁的衣服，就是富有了。如果还天天奢望穿绫罗绸缎，就超出了人的正常欲望。如果此时不加以克制，就会陷入欲望得不到满足的痛苦之中。如果为了钱做了不好的事情，就会使人生走向罪恶的深渊了。如今，我们希望自己每天有肉吃，每天有漂亮衣服穿也不算是奢侈的事。"寡欲"不能再以过去的标准来定。那么，对现代人来说，欲望到底在一个什么度上，才算合适呢？

其实，只要是通过正常的劳动便能够满足的欲望，都算正常。更重要的是，看一个人内心的欲望是多是少，可以看他在欲望时得不到满足时，是否仍能安之若素，不会因此而感到不方便、抱怨和痛苦。比如两个人到一个贫困山区旅行，平时这两个人的生活条件差不多，到了山区以后，甲在山区物质极度缺乏、自然条件非常恶劣的情况下，仍然能够很愉快地生活，吃着别人吃不下的食物；而乙则感到非常痛苦，每天抱怨不已，好像生活在地狱中。这两个人在平日的生活里虽然消费差不多，但是乙显然过得很不快活，因为他的欲望太多。

法师说"寡欲故静"，寡欲者大都淡泊名利，注重内心的修养而不为外物所累，因而能够在红尘中做到"静"。欲望是人类一切活动的根源，当人有欲望的时候，就会为了满足欲望而"动"，如果我们能够做到"清心寡欲"，自然不会有任何动作。现实中的我们忙忙碌碌就是因为欲望太多，当我们满足了一个欲望之后，另一个新的欲望又会产生，永远不会有终结的时候。因此，我们始终不得空闲，难以腾出时间修养身心。

儒家认为修养身心主"静"，所谓"静以养德"，一个人必须心如止水，没有杂念，才能做好修养身心的工作。弘一法师给了我们一个"静"的方法，那就是减少欲望。当我们没有欲望的时候，世间的权势、金钱、名利都不能动摇我们的内心，心绪就会安定，这对于修养身心是非常有好处的。

孙思邈曾经指出，长寿对大多数人而言有"五难"：名利难去，喜怒难去，声色难去，滋味难去，神虑难散。"寡欲故静"，静则能排除"五难"，人自然能长寿。弘一法师则进一步提出了"有主则虚"，"有主"就是有目的。当我们做到"静"的时候，则需要用另外一种东西来填充我们的内心，否则，心无一物，必如无根之萍，随波游荡。

有一位老书法家谈及自己当初练习书法的缘由时说："人长着手，就总想拿点东西。比如，看见女人的腰，就想搂一把；看见钱，也想抓一把；看见官印，更想据为己有。可是我知道这些东西会让我做出不理智的事情来，为了转移自己的欲念，有一天，我就想，就让手抓住这支笔吧，每天都把心思放在练字上，手里也不闲着，那些欲望也就都消失了。"

用健康的爱好代替酒足饭饱之后的各种欲望，确实是一个很好的方法。一些老年人退休之后，骤然闲了下来，反而很难适应，这时候，一些人开始学习书法、绘画、唱歌等，人活得充实，精神变得饱满，心头的烦恼也一扫而光了。

3. 舍弃浮躁，人生才能淡定如水

处事大忌急躁，急躁则先自处不暇，何暇治事？

——弘一法师《格言别录》

这是弘一法师在一次演讲中谈到的有关戒除浮躁的箴言。大师认为，一个人在改正缺点和不良习惯时，很容易浮躁，将缺点一条条地列出来，恨不得一下子就全部改正，这样反而可能适得其反。还不如慢慢来，一次改掉一个坏习惯，这样，效果反而更好些。

做事急于求成，恨不能一口吃成个胖子，如果短期内见不到事情的效果，就会半途而废，不了了之，这就是浮躁的表现。

心浮气躁是不少年轻人的通病。具体表现为：做事情三心二意，浅尝辄止；东一榔头西一棒槌，妄想鱼和熊掌兼得；这山望着那山高，熊瞎子掰棒子，掰一个扔一个；耐不住寂寞，稍有不顺就轻易放弃；急功近利，恨不得一锹掘出一眼井，遇到一点儿挫折，就会焦躁不安，怨天尤人……这些浮躁的毛病，或轻或重地存在于每一个人身上。人一浮躁，就会终日处在烦躁忙碌的状态中，长期下去，就容易变得脾气暴躁、神经紧张。浮躁还会使我们缺乏幸福感、缺少快乐，太过于计较得失。如果不能够有效地克服它们，会影响到我们生活的质量和工作的成就。

世上有一些聪明但浮躁的人，浮躁的人在短时间内或许可以取得一点成绩，但是，却很难成就大业。

有这样一个故事：一个秀才认为自己的文章写得不错，却没考中进士，便发牢骚说："考官眼睛瞎了，不识货！"一个道士在旁边听了，便说："你的文章一定不好！"秀才很不服气："你又没有看到我的文章，凭什么说我的文章不好？"道士说："看你心浮气躁的样子，怎能写得出好文章？"

当局者迷，旁观者清。道士一语惊醒了秀才，秀才从此沉下心去读书，再也不自负了。

我听到一个忙碌了半生的男人诉说自己的苦闷："眼看着别人房子、车子、票子都有了，我辛苦半辈子，什么都没有，像我这种年纪又大、又没有技术的人，一辈子就这样完了。"

为什么过了半辈子却连门手艺都没学到？我们可以平凡，生活可以平淡，但一个人平凡到连门手艺都没学到，是谁的错？试问，有多少年轻人浮躁到连一门过硬的手艺都不想学就想发大财的地步？一个读了很多年书的研究生，抱怨自己的收入不及农民工，这样的人就是读到博士也不会有太高的成就，因为他太浮躁了，不问自己做了什么事，取得了什么成就，只一味算计自己的收入。

有一个老母亲生病了，两个儿子为了给母亲治病，每天都要上山砍柴赚钱买药。一位神仙被兄弟二人的孝心感动，便给了他们一个秘方，用4月的麦子、8月的高粱、9月的稻谷、10月的豆子、腊月的白雪，放在千年泥做成的大缸里密封七七四十九天，待鸡叫

3遍后取出汁水卖钱。兄弟俩按照神仙的秘方各做了一缸。好不容易等到了可以开缸的日子，鸡才叫第二遍，哥哥已经等不及了，打开密封的盖子，看到的是一缸黑臭的污水。弟弟坚持等到鸡叫第三遍后才打开缸盖，顿时清香扑鼻，原来缸里是又香又醇的酒。

这就像我们做事情，做到百分之八九十就急不可耐地求结果，结果可想而知。其实，只要耐心做下去，用不了多久，完成那未完的部分，成功便唾手可得。

显微镜是19世纪最伟大的发明之一。但是你知道吗？显微镜的发明者是荷兰西部一个小镇上的门卫。为了打发时间，他试着用水晶石磨放大镜片。磨一副镜片需要几个月的时间，他不断地尝试以提高放大倍数。60年后，他磨出了可以放大300倍的镜片。人们第一次在镜片下看见了细菌，他的名字叫列文虎克。

当然，作为普通人，你不必像列文虎克那样用60年做一件事情，因为每个人都有自己的生活方式。我们要学会享受当下，这也是不浮躁的一种表现。浮躁的人往往焦虑于当下的失败，而忽略了生活的质量和快乐。他们用一些损人利己的手段去赢得金钱、车子和房子，在追逐名利的过程中，心灵慢慢被尘埃遮盖，他们不再有淡定的人生，只有更浮躁和不安的灵魂。

淡定而不浮躁的人，即使生活赐予他的是苦难与失败，他也仍然能够从容面对。泰国商人施利华，是一位拥有亿万资产的富豪。1997年爆发的金融危机使他破产了。这时，他只说了一句："好哇！又可以从头再来了！"他从容地走进街头小贩的行列沿街叫卖三明治。一年后，他果然东山再起。

自古以来，真正建大功、立大业的人，都是心定身安的人。我们在生活、工作和学习中，越是艰难越要有耐心。就像流水那样，遇到阻挡就绕过去，绕不过去，便积蓄水量，漫溢过去。能力有限时，如小溪水淙淙不绝；能力大时，便汇成江。只有摒弃浮躁心态，人生才能淡定如水。

4.安禅何必须山水

畏寒时欲夏，苦热复思冬；妄想能消灭，安身处处同。草食胜空腹，茅堂过露居；人生解知足，烦恼一时除。

——弘一法师《晚晴集》

弘一法师在《晚晴集》中抄录过莲池大师写的这样一段话："畏寒时欲夏，苦热复思冬；妄想能消灭，安身处处同。草食胜空腹，茅堂过露居；人生解知足，烦恼一时除。"这段话的意思是，天冷时，就想夏天很舒服；天热时，又想冬天的好，一年四季，都没有舒服的时候。如果能放下这些不切实际的念头，那么，无论身在何处，环境怎么样，都能够感到安定。粗茶淡饭胜过饿肚子，茅草房好过露宿。人生如果能知足，就会消除烦恼，得到快乐。

苏轼有一个朋友王巩被贬到岭南，几年后才回到京城。岭南的生活条件非常艰苦，还有瘴气，可是，王巩和侍妾的脸上不但没有半点忧愁和风尘之色，反而显得神采奕奕，甚至比以前更年轻。苏轼设酒宴给他们接风，席间，就顺便问了一句："岭南的生活很苦吧？"没想到，王巩的侍妾柔奴却答道："此心安处是吾乡。"原来，心境真的能够改变客观环境。一样的环境，有的人认为条件足够好，过得很开心，有的人却认为很苦，整天愁眉苦脸。其实，环境既然不能改变，倒不如改变自己的心境，不是吗？

一天，无德禅师从法堂出来时，遇到一个信徒，正怀抱着一捧鲜花来供佛。无德禅师认得这个信徒，他每天都从自家的花园里采摘鲜花来供奉佛祖。无德禅师非常欣赏地说："你每天都这样虔诚地用鲜花供佛，来世会得庄严相貌的福报呀！"

信徒回答说："这是应该的，每当我带着鲜花来到佛殿时，便感觉到心灵宁静清凉，可是一回到家里，心灵马上就被尘世的喧嚣所干扰，变得很烦躁。我又不能离开尘世，可是在尘世中，人如何才能保持一颗清净的心呢？"

无德禅师反问道："我问你，你如何保持花朵的新鲜呢？"

信徒答道："保持花朵新鲜的方法很简单，就是每天给花换水，并且在换水时把花梗剪去一截。因为花梗的一端泡在水里容易腐烂，影响水分和养分的吸收，就容易凋谢。"

无德禅师道："是呀，保持清净心，就像你每天给花换水是一样的道理，不停净化我们的身心，去掉变质的、不好的杂念，就可以了。"

信徒听后，欢喜地作礼，并且感激地说："谢谢禅师的开示，希望以后有机会亲近禅师，过一段寺院中禅者的生活，享受晨钟暮鼓、菩提梵唱的宁静。"

无德禅师道："你的呼吸便是梵唱，脉搏跳动就是钟鼓，身体便是庙宇，两耳就是菩提，无处不是宁静，又何必等机会到寺院中生活呢？"

不少人就像这位信徒一样，常说想逃离尘世，去山间过闲云野鹤般的日子。好像变了环境，就能让自己的心静下来，就能让自己得到真正想要的生活。其实，正如陶渊明的诗中所言："结庐在人境，而无车马喧。问君何能尔，心远地自偏。"只要我们的心灵能够消除杂念，无论在哪里，都能得到真正的宁静。

有一年夏天，白居易顶着烈日去拜访恒寂禅师。走到半路时，他已经汗流浃背了。可是，当他走进禅房之后，却发现恒寂禅师正一动不动地端坐于蒲团之上，打坐参禅。毒辣的阳光从窗口射进来，照在禅师身上，禅师面容平静，好像一点儿也不热。白居易惊奇地问道："禅房如此酷热，禅师为什么不换个清凉的地方打坐？"

恒寂禅师答道："天气很热吗？我怎么感觉非常凉快呢？"

白居易顿有所悟，当即赋诗一首："人人避暑走如狂，独有禅师不出房。非是禅房无热到，为人心静身即凉。"

弘一法师曾写有《清凉》词一首："清凉月，月到天心，光明殊皎洁。今唱清凉歌，心地光明一笑呵。清凉风，凉风解愠，暑气已无踪。今唱清凉歌，热恼消除万物和。清凉水，清水一渠，涤荡诸污秽。今唱清凉歌，身心无垢乐如何。清凉，清凉，无上究竟真常。"

心凉即是心静，《黄帝内经》曰："静则神藏，躁则消亡。"弘一法师作为一代高僧，确是最得"静心"之妙谛。俗话说："心静自然凉。"要除去暑热的苦恼，就要先除去不堪忍受暑热的苦恼心。只要其心不苦热，身体就如同坐在清凉的庭院里。我们常常感觉到这个世界太复杂，烦恼太多，其实，如果我们不以烦恼为烦恼，自然也能达到"心静自然凉"的境界。

日本高僧快川和尚不慎得罪了有权势的织田信长，织田命人把寺庙团团围住，四面用火烧起来。快川和尚和一众僧人都静静地打坐，泰然地涅槃了。临终时，快川和尚还说了两句偈语："安禅何必须山水，灭却心头火自凉。"

　　一个心中装满欲望的人，即使身居深山古刹也无法平静；一个内心无欲无求的人，即使住在闹市也不会觉得喧嚣浮躁。世上的烦恼多，皆因世人把自我看得太重，所以才会产生很多欲望和烦恼。假如能明白连身体也在幻化中，一切都不是我所能掌握和拥有的，用不着抱怨这个、抱怨那个，那么世间还有什么烦恼能侵害我们呢？

5.内心宁静，才能认清事情的根本

利关不破，得失惊之；名关不破，毁誉动之。既为得失、毁誉所转，犹以禅道佛法？呜呼！

——弘一法师《寒笳集》

　　弘一法师在出家前，从夏丏尊那里听说，断食能使人除旧换新，改去恶德，生出伟大的精神力量，自古宗教上的伟人如释迦牟尼、耶稣都曾断食过。弘一法师决定利用学校放寒假的机会亲自尝试一下。他的学生丰子恺先生回忆道："有一天，他决定入大慈山去断食，我有课事，不能陪去，由校工闻玉陪去。数日之后，我去望他，见他躺在床上，面容消瘦，但精神很好，对我讲话，同平时差不多。他断食共十七日，由闻玉扶起来，摄一个影，影片上端由闻玉题字：'李息翁先生断食后之像，侍子闻玉题。'这照片后来制成明信片分送朋友。像的下面用铅字排印着：'某年月日，入大慈山断食十七日，身心灵化，欢乐康强——欣欣道人记。'李先生这时候已由教师一变而为道人了。"

　　断食回来后，夏丏尊问他："为什么不告诉我？"

他笑着说："你不一定能实行。而这种事预先叫别人知道也不好，旁人大惊小怪起来，容易发生波折。"

夏丏尊便问他怎样断食，他说："第一星期，每日逐渐减少食量，由两碗而一碗，而半碗，而断粒；质也渐薄，由饭而粥，而汤，而水。第二星期，除饮泉水以外，完全不食。第三星期，一反第一星期之序而行，由水而汤，而粥，而饭，逐渐增至常量。自我感觉良好，不但无痛苦，而且身心反觉轻快，有飘飘欲仙之象。我平时是每日早晨写字的，在断食期间，仍以写字为常课。三星期里写的字，有魏碑、有篆文、有隶书，笔力并不比平日减弱。"

问他第二星期完全断食时有何异感。

弘一法师说："经过很顺利，不但无痛苦，而且心境非常清静，感觉非常灵，逾于常时，能听人所不能听，悟人所不能悟。这就是所谓'定能生慧'吧！"

断食以后，弘一法师自己觉得"身心灵化"了，还写了"灵化"二字，送给"苏典仁弟以为纪念"，并取《老子》"能婴儿乎"之意，改名李婴。

断食是佛教的一种修行方式，修行者主要通过断食来提升心灵的境界。其实，人和动物并不需要每天都吃饱饭，动物是经常挨饿的，可断食反而让它们更加活跃，连精神也好了很多。

人的身体并不需要餐餐吃饱，偶尔没有东西下肚，不但于人没有任何伤害，反而更有利于身体的自我调节。如果身体没有做好接受食物的准备，勉强进食，不但不能吸收，反而会适得其反，造成伤害。人体的消化系统往往会受情绪影响，人在疲倦或心情不佳、身体生病的时候，人体的分泌会与平时不一样，倘有食物进入消化道，会滞留肠胃，变成有毒物质。所以，我们在身体不舒服、心情不好的时候，吃完饭往往会觉得很难受。

其实，佛教断食真正的意义是在灵修锻炼上，因为断食的时候，人的身体用来消化食物的能量消耗大大减少，大脑会比平时更加清醒。弘一法师认为，断食之后，心境非常清静，感觉非常灵敏，平时听不到、想不到的，都能听到、想到了。这说明，内心宁静，对提高我们的认知能力是有帮助的。"断食"是一种清净身体和欲望的办法，心清静了，人才能够看见本心的自我，才能够按照自我的样子去生活。佛祖释迦牟尼就曾多次通过断食的方式进行冥想，终在菩提树下开悟。对于修行的人来说，断食可以让头脑更清明。当然，常人很少用断食来保持头脑清醒。不过，我们仍然可以通过减少食量、控制欲望、摒除繁杂等方法，不断清空自己的精神垃圾，保持头脑的清晰。肚子吃得太饱，头脑就不够清醒，人就没办法思考，心就不够灵活，更何况我们每天面对的这些烦恼，人要保持清醒的头脑和理智的思维，就要时时清除心头的欲望和干扰。

明代洪应明在《菜根谭》中说，能安心吃粗茶淡饭的人，都是一些德行高尚的人，他们像冰和玉一样清洁。而那些喜欢富贵生活的人，多半会为了荣华做出一些丧失尊严的事。这是因为，人的志气要在清心寡欲的状态下才能表现出来，而一个人的节操都是在贪图物质享受中丧失殆尽的。

辑二

惜食，惜衣，非为惜财缘惜福

1. 知足常足，知止常止

知足常足，终身不辱。知止常止，终身不耻。安莫安于知足，危莫危于多言。

——弘一法师《格言别录》

"知足"是人家给多少，你"虽不满意，但可接受"；"知止"是自己看着到某个程度了，伸手去挡住，说：我不要了。"知足"是由人，"知止"由自己。"知足"是不贪，"知止"是不随。功夫做到细微处，一念起来，知止，不被带着走；念消失，知止，如如不动。

1919年，弘一法师送给好友夏丏尊一幅字，上书"知止"二字。那时，他在杭州虎跑寺出家已一年零一个月了。知止是什么意思呢？"止"是指"归宿"和"立场"，"知止"即是指一个人对自己的目标、归宿和原则立场有明确了解。"知止"寥寥二字，其中却蕴含着无限深意与禅机。

从前，在普陀山下有个樵夫，整日早出晚归，辛勤地劳作，仍然不能温饱，家里经常揭不开锅。他的老婆每天都到佛前虔诚地烧香，祈求佛祖慈悲，能让他们的日子好过一点。她的祈祷果然感动了佛祖。一天，樵夫外出打柴时，在一棵大树下挖到一尊金罗汉像。

一文不名的樵夫一下成了富翁，买田置地，日子好过起来。按说，樵夫从穷光蛋变成百万富翁，应该高兴才是。可是，樵夫才高兴了几天就茶饭不思、坐立不安了。

他老婆就问："我们现在吃喝不愁，又有良田美宅，你还唉声叹气做什么？难道你是怕小偷来偷吗？小偷可偷不走这些房屋和良田，有什么可怕的？你真是个天生受穷的命！"

樵夫听完老婆这一番话，却发起了脾气："女人头发长、见识短，你懂什么！偷不偷倒在其次，让我烦恼的是那十八尊金罗汉我才得了一尊，那十七尊还不知道埋在哪里，我怎么能安心？"就这样，樵夫终日为那没能得到的十七尊罗汉失魂落魄，没多久就病死了。

这个人不懂得知足，不懂得适可而止，结果终于害了自己。世上的人，表面上死因各不相同，其实，有的也许可归结为不知足，不懂得"知止"。如果我们懂得知足、知止，就会少很多的烦恼，身心清静，让自己多活几年是没有问题的。

人不快乐、不幸福，不是因为他拥有得太少，而是因为他不懂得知足、知止。不知足，无论有多少财富他都会觉得自己拥有得太少，永远为得不到的发愁；不知止，不懂得见好就收，最后反而连同到手的都一起失去。

陕西汉中张良庙，有两块石碑，其一刻"送秦一椎，辞汉万户"八个大字，另一块上刻"知止"二字。两块碑合起来，也可看

辑二 惜食，惜衣，非为惜财缘惜福

成一副对联。张良辅佐刘邦灭了秦朝，天下初定，他便托病隐退，"愿弃人间事，欲从赤松子游"。汉初"三杰"中，韩信被杀，萧何被囚，只有张良因懂得"知止"的妙义得以保全性命。古往今来，真正的英雄伟人，莫不是因懂得"知止"二字的妙意，而让自己功成身退，留下人生最完满的一笔。

一天傍晚，虚有禅师在河边散步，看见几个人正在岸边垂钓，禅师无事，就站在旁边观看。这时，其中一位垂钓者竿子一扬，钓上来一条大鱼，足有三尺长，活蹦乱跳的，旁边围观的人都为他齐声欢呼起来。可是，这个钓者却熟练地取下鱼嘴内的钓钩，顺手就将鱼丢进了河里。人群中响起一阵惋惜声，但大家心里又很佩服这个钓者，这么大的鱼还不能令他满意，可见这是个钓鱼高手。就在众人屏息以待之际，钓者鱼竿又是一扬，这次钓上的是一条两尺长的鱼，钓者不屑一顾，又顺手扔进河里。第三次，钓者的鱼竿再次扬起，却是一条不到一尺长的小鱼。围观的人群发出一声失望的叹息，有人心想，早知如此，第一次就不应该丢掉那条大鱼。不料这次钓者却将鱼小心解下，放进鱼篓。

围观的人百思不得其解，就问他："为何舍大而取小？"

钓鱼者回答："因为我家最大的盘子不过一尺长。"

看到此，禅师深有感触地说："世人皆求大不求小。其实，适合自己的才是最好的。"

对垂钓者而言，他可以给自己买一个更大的盘子，他也可以把鱼切断烹制。所以，在旁观者看来，这个垂钓者其实是很傻的。但我们都忘了一个重要的问题，那就是，我们肚子的容量是一定的，垂钓者只要一尺长的小鱼，岂止是因为盘子不够大，他要的是那一份知足常乐的自在生活啊！

圣严法师曾说："如果现代人能淡泊名利、不去计较，用'一粥一饭'的态度过日子，必然会觉得格外充实，而且在充实之中会有淡泊、宁静、轻松、自在，仿佛无事一般的心境。"

"一粥一饭"的说法来自一个佛教故事。

仰山禅师问师父沩山禅师："师父，等您圆寂之后，如果有人问起师父的道法是什么，我该如何回答？"

沩山禅师只说了四个字："一粥一饭。"

为什么说一粥一饭呢？因为在禅宗的寺院，早上吃一顿粥，中午吃一顿饭，晚上不吃东西，所以，僧人每天只吃一粥一饭。沩山禅师这样回答，是不是说他每天只吃粥吃饭混日子就可以了？当然不是，禅师的意思是说，无论人有多少欲望，其实每天只需一粥一饭就足够了。就算你是皇帝，说到底，也不过是一天三顿饭，沩山禅师用"一粥一饭"四个字告诉人们要学会知足。

李嘉诚的办公室中悬挂着"知止"二字的条幅，以此来警策自己凡事适可而止。在李嘉诚看来，世上之事，都遵循着"物极必反"的原理，过度的行为只能导致失败的结局。晚年的李嘉诚虔心向佛，慈悲喜舍，将个人三分之一的财产捐出成立基金会，致力于慈善事业。只有懂得"知止"才不会在事业最鼎盛之时跌入低谷。钱财多失在不知止上，总想以贪婪之心占尽天下大小之利，巴不得满盘皆收、赢家通吃。

如果当下只有一个馒头，我觉得知足，真好，我今天没有饿肚子，有多么幸福；如果当下有一桌山珍海味，我也知足，真好，人生可以有这么大的幸福，我还有什么不开心的？有多有少都一样快乐，这样的人，就是知足。因为知足，内心便充满富足感。而那些不知足的人，总是觉得自己得到的还不够，永远像一个穷人那样说：我太穷了，我拥有的太少了，我何其不幸。所以，即使他是百万富翁，其实还是个穷人。因为不知足，最后把自己的所有都失去的例子实在太多了。有句话叫"人心不足蛇吞象"，要想真正享受人生的乐趣，基本信条就是"知足常足，知止常止"。

2. 知足的人生最富足

事能知足心常惬，人到无求品自高。

——弘一法师《格言别录》

持戒严谨，淡泊无求，一双破布鞋，一条旧毛巾，一领衲衣，补丁200多处，青白相间，褴褛不堪，还视为珍物。素食唯清水煮白菜，用盐不用油。信徒供养香菇、豆腐之类，皆被谢绝。

这是弘一法师出家之后的生活。弘一法师名声在外，又加上在家时家产丰厚，即使出家，他也一样可以过着优越的生活，至少也不应该如此清苦。但大师拒绝了一切利养，决意要做一个苦行僧。

弘一法师说："出家人的生活在人们看来是相对清苦的，但对于真正的出家人而言，他们并不会认为苦，而是把苦当成乐，并且从中获得真正的快乐。"在弘一法师看来，真正的快乐并不是物质上的富足，而是精神上的富足。在世人的眼中，物质匮乏的生活就是苦的，这是因为，我们把快乐建立在身体的享受之上，如果我们能够像弘一法师一样，那么艰苦的生活对于我们来说就不再是苦。

有的人总是想尽一切办法来满足自己的物质欲望，永不知足，永不停止。吃着碗里的，看着锅里的，但在这个追求的过程里，他们要忍受着得不到和失去的痛苦，更不要说每天为了那超出人本身需要很多的物质财富所受的苦和累。我们头上的白发有多少是为了那不必要的东西一点点累白的呢？而那些寻求精神世界富足的人，精神上的快乐常常使他们看起来那么自在、从容，一身的轻松，一脸的惬意。

中国曾有这样一句俗语："知足常乐。""布衣桑饭，可乐终生"，这是弘一法师一生的志愿。弘一法师在讲解《佛遗教经》的时候曾说："行少欲者，心则坦然，无所忧畏，触事有余，常无不足。"他也曾劝诫世人："人生在世都希望有一个幸福快乐的生活，然幸福快乐由哪里来呢？绝不是由修福而来，今天的富贵人或高官厚禄者，他们日日营求，一天到晚愁眉苦脸，并不快乐。修福只能说财用不算匮乏，修道才能得到真幸福。少欲知足是道，欲是五欲六尘……无忧无虑，没有牵挂，所谓心安理得，道理明白，事实真相清楚，心就安了。六根接触六尘境界不迷，处世待人接物恰到好处，自然快乐。"

法师这段话给世人的启示是：人要少欲。少欲，人的牵挂就没有了，忧虑也没有了，心就安了，人就快乐了。

古人说："求名之心过盛必作伪，利欲之心过盛则偏执。"凡事都是过犹不及，所谓欲火焚身，过于强烈的欲望会毁灭掉人的生命。即使你的欲望并不多，但如果时时处于不满足的痛苦状态中，对我们的身心也是有害而无利的。那么，最好的办法就是知足常乐。知足，并不是要我们没有追求、没有想法、停滞不前，而是不要为欲望暂时的不能满足而感到痛苦，乃至影响到自己的情绪和身体。

　　人的欲望是永无止境的。佛陀在《因缘品》中说："即使天上降下金银珍宝之雨，贪婪之人也不会满足。"不知足，正是我们感到不快乐的根源。"得失从缘，心无增减"，知足的人，因为放下执着，即使自己的人生不完美，目标不能完全实现，也会觉得人生一样美好。

辑二　惜食，惜衣，非为惜财缘惜福

3. 十分福气，享受三分

我们即使有十分福气，也只好享受三分，所余的可以留到以后去享受；诸位或者能发大心，愿以我的福气，布施一切众生，共同享受，那更好了。

——弘一法师《青年佛徒应注意的四项》

什么是幸福？古人在造字时，就已告诉我们答案了。"幸"字，上方是"土"，下方是钱的符号"￥"；"福"字，左边是"衣"，右上是"一口"，右下是"田"。也就是说，有地、有钱、有衣、有食，而且全家团团圆圆，这就是幸福。

从这个标准上说，我们大部分人都是幸福的。诚然，我们的人生有种种的不幸，富有的人虽然不缺衣少食，可是，他们也有这样和那样不开心的事。甚至，有些富有的人，只能用钱财打肿脸充胖子，家庭失和，兄弟反目，仇家遍地，丑闻不断。你能说他们幸福吗？为什么我们明明什么都有了，还不幸福呢？这是因为，人心不足，欲望过多，不懂得惜福。

古人还有种比较迷信的说法：你的命不好，福薄，享受不了那么多的福气；或者你一下子把一辈子的福气用完了，好日子就到头了，所以，不幸就要降临了。就好像一块糖，你放在嘴里慢慢含着，一点点地含化，能甜好久，如果你一口气把它咽下去了，你以后只能痛苦地看着别人吃糖了。

在《李叔同说佛》一书中，法师告诫青年佛教徒要"惜福"。什么是惜福呢？就是爱惜自己的福气，就是知足，不要过度纵欲、过度地浪费我们的物质。

法师在给青年佛徒讲经时曾提道：

七岁时我练习写字，拿整张的纸瞎写，一点不知爱惜，我母亲看到，就正颜厉色地说："孩子，你要知道呀！你父亲在世时，莫说这样大的整张纸不会糟蹋，就连寸把长的纸条，也不肯随便丢掉哩！"母亲这话，也是惜福的意思啊！我因为有这样的家庭教育，深深地印在脑里，后来年纪大了，也没有一时不爱惜衣食；就是出家以后，一直到现在，也保守着这样的习惯。诸位请看我脚上穿的一双黄鞋子，还是1920年在杭州时候，一位出家人送给我的。又诸位有空，可以到我房间里来看看，我的棉被面子，还是出家以前所用的；又有一把洋伞，也是1911年买的。这些东西，即便有破烂的地方，请人用针线缝缝，仍旧同新的一样了。简直可尽我受用着哩！不过，我所穿的小衫裤和罗汉草鞋一类的东西，却须五六年一换。除此以外，一切衣物大都是在家时候或是初出家时候的。

从前常有人送我好的衣服或别的珍贵之物，但我大半都转送别人。因为我知道我的福薄，好的东西是没有胆量受用的。又如吃东西，只生病时候吃一些好的，除此以外，从不敢随便乱买好的东西吃。

惜福并不是我一个人的主张，就是净土宗大德印光老法师也是这样，有人送他白木耳等补品，他自己总不愿意吃，转送到观宗寺去供养谛闲法师。别人问他："法师！你为什么不吃好的补品？"他说："我福气很薄，不堪消受。"

他老人家——印光法师，性情刚直，平常对人只问理之当不当，情面是不顾的。前几年有一位皈依弟子，是鼓浪屿有名的居士，去看望他，和他一道吃饭。这位居士先吃好，老法师见他碗里剩落了一两粒米饭，于是就很不客气地大声呵斥道："你有多大福气，可以这样随便糟蹋饭粒！你得把它吃光！"

诸位！以上所说的话，句句都要牢记！要晓得：我们即使有十分福气，也只好享受三分，所余的可以留到以后去享受；诸位或者能发大心，愿以我的福气，布施一切众生，共同享受，那更好了。

弘一法师认为，十分福气只消享受三分就可以了，这就是我们常说的不要把福气一次用尽。如果一个人过早地用尽福气，就像一棵生长过快的树，一朵盛开过早的花，反而容易在中途夭折。

在泉州时，弘一法师告诉昙昕法师："我这几天在想，如果我能喝喝雪峰茶,那我就很好了。"雪峰茶是指南安杨梅山雪峰寺所出的茶。他说完之后,就问昙昕法师:"你有吗?"昙昕法师说有一点点,就去把茶叶取来,弘一法师泡了茶,喝了一口,大赞:"呵!很好!很好!这茶一喝入口,身心就进入一种很清静的境界,这茶的功用真好。"稍顿,他又说:"但不能常喝!这茶对过午不食的人不大合适,因茶对消化很有帮助,多吃不得!"

好东西不能经常享用,这也是惜福的一种表现。如果我们经常享用好东西,便会日久成习惯,一旦没有,就会感到不舒服、不自在。如果一个人的日子过得太好,一旦发生什么变故,身体可能就会吃不消。

雪峰禅师和钦山禅师一起在溪水边洗脚,钦山见到水中漂有菜叶,很高兴地说:"这山中一定有道人,我们可以沿着溪流去寻访。"

雪峰禅师回答他:"你眼光太差,以后如何辨别人?他如此不惜福,为什么要居山!"入山后,果然没有名僧。

雪峰禅师根据一片菜叶就断定山中无道人,那么,我们是否也能根据一个人是否珍惜自己所使用的物品来判断这个人的品质呢?那些因为自己有钱便不爱惜物品的人,肯定是没有福气的人,至少,不会是一个真正有幸福感的人。

袁了凡居士的妻子是一位善女人,有一年冬天,她把家里的丝绵换成棉絮给儿子做棉衣。了凡先生问她:"为什么不用丝绵做,而换成棉絮呢?"她说:"丝绵比棉花贵,用棉花也一样能取暖,丝绵卖了可以把钱送给更需要钱的人。"了凡先生听了很高兴,认为妻子的这种做法不愁孩子将来没有福气!

了凡居士为什么认为妻子的做法会让孩子有福气呢？这就是弘一法师讲的："我们即使有十分福气，也只好享受三分，所余的可以留到以后去享受。"其实，养育孩子的父母都会有同样的体验，小孩子是很容易满足的。如果父母每天都给孩子很多糖吃，这个孩子未必会觉得有多么开心；但如果每周只许他吃一次糖，他就会很期待，也会觉得糖很甜，感到很满足。这个孩子长大了，在生活上也会比较节制；相反，那些从小就要风得风、要雨得雨的孩子，因为父母在他们小时候就把这一辈子该享的福气享尽了，长大了，他反而因为自己要什么有什么而丝毫感觉不到快乐。

　　我们总是抱怨自己拥有的太少，却忽略了我们已经拥有的。等到失去之后，才会知道自己以前是身在福中不知福，后悔自己没有好好珍惜。其实，如果一个人生活富足到了挥金如土的地步，也就是他的福气即将用尽的时候。也直到那时候，我们才会知道以前自己是多么富有，可惜的是，在富有的时候，我们却一天快乐的日子也没有享受过。即使我们的日子并没有那么富足，但只要用心地安排我们的生活，一样可以体会到幸福。即使一碗白饭也自有它的甜味，一样可以体味出属于你的那一份幸福来。而很多人往往是在饥肠辘辘时，才知道一碗白饭的香味。在你柴米油盐的平淡生活中，能够心满意足，甚至能够将福气少用几分，攒起来留待日后慢慢体味，而不至于一次用尽。

　　我们总是习惯向上看，和那些比自己过得好的人相比，所以，无论我们拥有多少，都不能令我们幸福。如果我们能够低下头，看一看那些比自己拥有更少的人，就会知道自己何其幸福。以这样的心态来看待生活，那么，即使我们身陷困境，也会感到幸福。因为，拥有生命本身，就是人生最大的幸福。

生活是否安逸，并不在于物质方面是否奢华，而是在于我们的一种心境。如果我们也能像弘一法师那样以一颗淡泊的心看待拥有的一切，时时刻刻都懂得"知足""惜福"，那么幸福也会时时陪伴着我们。

4. 咸有咸的滋味，淡有淡的好处

在弘一法师的世界里，一切都好。百衲衣、破卷席和旧毛巾一样好，青菜、萝卜和白开水同样好。咸也好，淡也好，样样都好。能在琐碎的日常生活中咀嚼出它的全部滋味，能以欢愉的心情观照出人生的本来面目，这种自在的心性，宛如一轮皓月，是何等空灵的境界！

——夏丏尊《生活的艺术》

每当看到这段文字时我都会感动，内心生起一种庄严之感，从而对自己当下的生活感到十分满意。

有一次，弘一法师从温州到宁波，挂搭于七塔寺。夏丏尊知道后，于第二天午前带了饭菜去，在桌旁坐着陪他。碗里所有的只是些萝卜、白菜之类，可是在他看来，却几乎是要变色而作的盛馔了。他很喜悦地把饭送入口里，用筷子夹起一块萝卜时的那种郑重的神情，使人见了真要流下喜悦惭愧之泪！第三天，有另一位朋友送了四样菜来斋他。夏丏尊先生也同席。其中有一碗非常咸。

夏丏尊说："这太咸了！"

他却说："好的！咸的也有咸的滋味，也好的！"

夏家和他的寓所相隔有一段路。第四天，他说，以后饭不必送来，他可以自己去吃。且笑说，乞食是出家人的本色。

"那么，逢天雨仍替您送来。"

"不要紧！天雨，我有木屐哩！"他说出"木屐"二字时，神情上竟俨然是一种了不得的法宝。他看出夏先生有些不安，就说："每天走些路，也是一种很好的运动。"

在他，世间竟没有不好的东西，一切都好。小旅馆好，统仓好，破旧的席子好，破毛巾好，白菜好，萝卜好，咸苦的菜好，走路好。什么都好，什么都有味，什么都了不得。

当他吃萝卜、白菜时，脸上那种喜悦的光景，萝卜、白菜的全滋味、真滋味，怕要算他才能如实尝得了的。在他看来，对于一切事物，不为因袭的成见所束缚，都还它一个本来面目，如实观照领略，这才是真解脱，真享受。

夏丏尊在《生活的艺术》一文中写道："在弘一法师的世界里，一切都好。百衲衣、破卷席和旧毛巾一样好，青菜、萝卜和白开水同样好。咸也好，淡也好，样样都好。能在琐碎的日常生活中咀嚼出它的全部滋味，能以欢愉的心情观照出人生的本来面目，这种自在的心性，宛如一轮皓月，是何等空灵的境界！"

吃过苦、受过穷的人大概都有过类似的经历。就是人在极渴时，水是很甜的；人在极饿时，山药蛋就是世上最美味的东西。这并不是错觉，而是因为我们带着感恩的心去享用它们。相反，如果没有感恩之心，就算天天吃大鱼大肉，也会觉得索然无味。

而就算是生命的苦味、咸味，如果我们带着感恩、惜福的心态去看待它们，也会觉得那是人生最好的一种滋味。那些曾经深陷于痛苦中的人一定会对此深有体会，在当时觉得难以承受、抱怨不已，可是，经过岁月的沉淀之后，内心反而会生出一缕花香。对陷入情爱的青年男女来说，分离是痛苦的，相聚是甜蜜的，但那分离的痛苦，却常常能够检验出彼此的情意。没有苦，焉知甜？没有痛，焉知乐？没有死，焉知生？

人生不可贪，如果你的人生中有清茶可以喝，那是极好的事，但如果只有白开水，那也是很幸福的。当你正好端起一杯水时，不妨想想，如果这时候你身处于沙漠，那么，这杯水，对你来说，是怎样的琼浆玉液呢？你若以为碗中的咸菜太咸，那么，现在就将这咸菜撤下去，饿上两天，你一定会对这盘咸菜垂涎三尺。

咸有咸的滋味，淡有淡的味道。这是弘一法师留给我们的最有禅意的话，每次想起这句话，我都心生感恩，对自己口中的食物、身上的衣衫，倍加满足。只要我们心中能够惜福，无论咸也好、淡也罢，都能够在琐碎的生活中咀嚼出它特别的滋味。

5. 一米一饭当思来之不易

印光大师一生，于惜福一事最为注意。衣、食、住等，皆极简单粗劣，力斥精美。

——弘一法师《略述印光大师之盛德》

弘一法师在《略述印光大师之盛德》中提道："民国十三年（1924），余至普陀山，居七日，每日自晨至夕，皆在师房内观察师一切行为。师每日晨食仅粥一大碗，无菜。师自云：'初至普陀时，晨食有咸菜，因北方人吃不惯，故改为仅食白粥，已三十余年矣。'食毕，以舌舐碗，至极净为止。复以开水注入碗中，涤荡其余汁，即以之漱口，旋即咽下，惟恐轻弃残余之饭粒也。……以上且举饭食而言，其他惜福之事，亦均类此也。"

弘一法师提倡人们过俭朴的生活，在法师看来，一个人无论是贫困还是富裕，都应该过俭朴的生活。尤其是富裕的人，最容易过奢华的生活，而如果一个人能够在富裕之后依然过俭朴的生活，那么这个人一定是一个了不起的人。

弘一法师一出生便锦衣玉食，出家后，却过着粗食淡茶的生活，戒绝一切除生活必需之外的奢侈品。在他看来，人吃的、穿的、用的，都是别人用劳动得来的，凝结着劳动者的汗水，所以，要倍加珍惜。

有一年冬天，弘一法师在福建南安水云洞小住。寺里的条件比较简陋，床是用两扇木板搭成的，侍者慧田很是过意不去。他却很满意地不停说着"很好很好"，并对慧田说："我们出家人，用的东西都是施主施舍的，什么东西都要节俭，都要爱惜。住的地方，只要有空气，干净，就很好。用的东西只要可以用，不计较什么精巧华丽。日中一食，树下一宿，是出家人的本色。"

他有一件僧衣，补了224个补丁，都是他自己补的。僧衣青灰相间，褴褛不堪，是他刚出家时穿的，后来被他的朋友、浙江第一师范学校的校长经子渊先生留下作为纪念。一双僧鞋，也穿了15年。他的学生刘质平在他五十寿辰时，细数他的蚊帐上的破洞，有的用布补，有的用纸糊，已经十分破旧，要给他换一顶新的。他坚决不许，说是还很好，还可以用，不必换。

叶青眼居士在《千江印月集》里回忆说，法师入闽"十余年中，生活四事，无非三衣过冬，两餐度日，数椽兰若，一只粗椅而已。生平颇好鲜花，往往翠柏一茎，红花数蕊，装置一小瓶中，供诸佛家，便觉生意弥满，庄严无尽。此外，即一枝火柴亦不轻用，何况其他"。

昙昕法师在谈到弘一法师时，曾回忆起一件事：

　　1941年，上海的刘传声居士，听说闽南闹粮荒，深恐弘一法师道粮不足，不能完成《南山律丛》的编撰工作，于是特奉千元供养，托莲舟法师由鼓浪屿辗转呈赠弘一法师。弘一法师慨然辞谢，说："我自出家一向不受人施舍。就是至友及弟子供养的净资，也全部作为印刷佛书之用，自己分毫不取。我从来不管钱，也不收钱，请仁者把原款璧还。"听说上海交通已断，款未能寄回，他沉吟有顷，说道："既然如此，可将此款转赠予开元寺。开元寺因为太平洋战事，经济来源告绝，发生了粮荒。请开元寺直接函复刘居士鸣谢。"他的至友夏丏尊居士以前赠他一架美国白金水晶眼镜，因为很漂亮，他不戴，此次也转送开元寺常住公开拍卖，得价五百余元，用以购斋粮。

还有一次，弘一法师要昙昕法师去嘱咐洗菜的老婆婆，他对昙昕法师说："麻烦你帮我告诉她，洗菜时多用些水将菜洗净。不然菜中的沙粒洗不去，吃菜时沙粒塞进我的牙缝中是很辛苦的。不过她不必过度地浪费水，她可用一次的水将菜多洗两回就成了。同时，洗完的水还可用来浇花，切不可浪费。"

一次，弘一法师身子不大舒服，昙昕法师就提出要帮他洗衣服，但他一口拒绝了。昙昕法师劝他："这是不要紧的，你的身子不大好，我帮你洗好了。不过我是洗得不大干净的。"他依旧拒绝昙昕法师的帮忙，但大师对昙昕法师说："我们洗衣一定要洗得干净才行。用来洗衣的水可一连用四回。打一盆水先用来洗脸，洗过了脸的水，还可用来洗衣。洗了衣可用来擦地，最后那盆水还可以用来浇花。因此，一盆水可有四个用途。我们出家人一定要朴实，不可随意浪费。"

我们如今的生活虽然好了，可是，像珍惜物品这样的习惯到什么时候都不过时。这样做不是吝啬。地球上的资源有限，如果我们这辈子把好东西都用光了，下一代可能就没有了。比如说水，现代人洗衣服都用洗衣机，漂洗时清水都被排到下水道去了。其实，你可以用桶装起来，这些水还可以用来冲厕所、擦地。

一个人无论拥有多高的地位和多少金钱，都应该过俭朴的生活。决定一个人高尚还是鄙俗的不是拥有金钱的多少，而是一个人生活方式的选择。俭朴生活并不是要求每一个人都要过苦行僧的生活，弘一法师只是主张人们不要浪费，不要追求那些超出生活需要本身的奢华生活。

一个不懂得珍惜的人本身就是一个不懂得幸福为何物的人。他们只能通过不断的消费才能让自己感到有所寄托，内心随着物欲的横流而越发空虚。所以，我们要学会惜福，要尽量减少不必要的浪费，减少我们对欲望的需要，只有这样，我们才能更深地感知生活的幸福。

6.劳动是上天赐予的生活方式

"习"是练习，"劳"是劳动。现在讲讲习劳的事情：诸位请看看自己的身体，上有两手，下有两脚，这原为劳动而生的。若不将它运用习劳，不但有负两手两脚，就是对于身体也一定有害无益。换句话说：若常常劳动，身体必定康健。

——弘一法师《青年佛徒应注意的四项》

弘一法师在这里讲的意思是说，人生下来就是要劳动的，劳动是一种本能，经常劳动的人才能健康，即使到了佛的境界也要劳动。他为何要强调劳动的重要性呢？弘一法师很直白地说："出家人性多懒惰，不备劳动。"

弘一法师曾经给厦门南普陀寺和尚讲了下面几则"佛陀劳动的故事"。

有一天，佛陀看到地上不太清洁，自己就拿起扫帚来扫地，许多弟子见了，也过来帮着扫，不一时，把地扫得十分清洁。佛看了欢喜，随即到讲堂里去说法，说道："若人扫地，能得五种功德。……"

又有一天，佛陀和阿难出外旅行，在路上碰到一个喝醉的弟子，已醉得不省人事了。佛陀就命阿难抬脚，自己抬头，一直把他抬到井边，让阿难把他洗濯干净。

有一天，佛陀看到门前木头做的横楣坏了，自己动手去修补。

有一次，一个弟子生了病，没有人照应，佛陀就问他："你生了病，为什么没人照应你？"那弟子说："从前人家有病，我不曾发心去照应他；现在我有病，所以人家也不来照应我了。"佛陀听了这话，就说："人家不来照应你，就由我来照应你吧！"佛陀就将那患病弟子的大小便种种污秽，洗濯得干干净净。还将他的床铺，整理得清清楚楚，然后扶他上床。

弘一法师向听众指出："佛陀绝不像现在的人，凡事都要人家服劳，自己坐着享福。这些事实，出于经律，并不是凭空说说的。"

弘一法师又说了两个故事：

佛陀的一位大弟子，双目失明，不能料理自己，佛陀就替他裁衣服，还叫别的弟子一道帮着做。

有一次，佛陀看到一位老年比丘眼睛花了，要穿针缝衣，无奈眼睛看不清楚，嘴里叫着："谁能替我穿针呀？"佛陀听了立刻答应说："我来替你穿。"

弘一法师告诫南普陀寺僧众："也当以佛为模范，凡事自己动手去做，不可依赖别人。"

弘一法师自己的房间向来由自己打扫，缝补衣服这样的事，也是亲力亲为。据说，直到圆寂后，人们来到他的房间，看到大师的房间依旧干净整洁。

但是，劳动是辛苦的、枯燥的。甚至，大多数人流血流汗，所换来的报酬却是微不足道的。每当这时，我们的内心都会对劳动生起厌恶之心。所以，有人认为，如果辛苦换来的只是更多的辛苦，那人，又何苦活在这世上呢？

有一个穷人，虽然每天辛苦地劳动，但还是不能温饱，他平生最大的愿望就是能够像富人那样不用劳动，每天无所事事，吃喝玩乐。于是他去见了上帝，请求上帝让他享受一段不用劳动的日子。上帝同意了。于是，这个人马上摇身一变，成为有钱人，住在豪华的别墅里，每天的一切生活杂事都有仆人来打理，他只需要饭来张口、衣来伸手即可。这样过了一阵子，他觉得很无聊，想找点事情做，可是，实在没有他可以做的事。慢慢地，他变得烦躁不安，感到人生无趣。想想以前的日子，他宁可回到那样贫穷但每天忙碌工作的状态里去，他觉得这样无所事事的生活简直比地狱还可怕。于是，他找到上帝说："让我像以前那样吧！我实在受不了了。我觉得我像生活在地狱里一样可怕。"上帝说："这就是地狱呀！"

劳动是幸福的，我们之所以难以体会到，是因为我们过度地关注劳动本身，而忽略了劳动带给了我们什么。劳动是辛苦的，劳动让我们付出了大量的时间和精力，但是劳动同样给予了我们心灵的满足。当我们看着自己的劳动成果，就会发现一切辛苦都是值得的，因为我们有所收获。

劳动是幸福的，因为我们完成了心中的志愿。每一个人都有自己的目标，都有自己的兴趣和爱好，如果劳动是为了实现我们的目标，还会觉得劳动是辛苦的吗？当我们从事自己感兴趣的工作时，我们还会觉得劳动很无聊吗？我们不应该把眼光放在劳动本身带给我们的伤痛上，而应该关注劳动带给我们的好处，只有这样，我们才能发现劳动的幸福所在。

　　我们要学会在劳动中品味幸福，虽然劳动有时候会让我们感到疲惫不堪，但是我们的人生在劳动中得到了充实，我们在劳动中懂得了生活的艰辛、明白了幸福的真义。劳动也是一种修行，在劳动的过程中，我们可以创造价值，使生命获得终极的意义。

辑三

心平气和，才能内心强大

1. 忍耐是一种人生的修行

己性不可任，当用逆法制之，其道在一"忍"字。

——弘一法师《格言别录》

什么是忍？中国人对于"忍"有特殊的理解，通常认为，所谓的"忍"是"忍辱"。我们常说忍辱负重。没有忍辱，就不能负重；没有忍耐，就做不成事。为什么要忍呢？因为忍可以让我们避免受到许多无谓的困扰和伤害。在我们还没有强大的时候，就需要学会忍耐，这是一种生存的智慧，小不忍则乱大谋；在我们变得很强大时，也要学会忍，这是一种人生的气度与涵养。

一位西方学者曾经说过："忍耐和坚持是痛苦的，但它会逐渐给你带来好处。"一个人要获得某方面的成就，必须学会忍耐。从某种程度上说，忍耐是成就事业所必需的。在有些人眼中，忍耐常常被视为软弱可欺。实际上忍耐是一种修养，忍耐是经历了暴风雨的洗礼后，自然所生的一种涵养，忍耐能够磨炼人的意志，使人处世沉稳，面临厄运泰然自若，面对毁誉不卑不亢。

弘一法师曾说："己性不可任，当用逆法制之，其道在一'忍'

字。"有人欺负我们，我们的第一个反应往往是去还击，他打你一拳，你最好能还他两拳。所以，我们经常看见，有人为了一点小事就争得面红耳赤，打得头破血流。在我们的工作和生活中存在着上司"欺负"员工的事情，一些人因为连一点儿气都不愿意受，结果到哪里都把自己搞得很孤立。其实，和你有一样经历的人大有人在，甚至可以说，所有人都和你是一样的。但为什么只有你认为自己在受气？这是因为你不能"忍"。有些事情，忍忍就过去了。

宋代的吕蒙正初次进入朝廷的时候，有一个官员指着他说："这个人也能当参政吗？"吕蒙正假装没听见，淡然一笑。他的同伴为此愤愤不平，要质问那个官员叫什么名字。吕蒙正马上制止他们说："一旦知道了他的名字，就一辈子也忘不了，不如不知道的好。"

吕蒙正以自己的大度赢得了人们的爱戴。后来那个官员亲自到他家里去致歉，两人结为好友，相互扶持。

忍耐并非软弱可欺，恰恰相反，忍耐是心灵强大者的一种自然反应。忍耐是一种君子风度，是一个人胸襟博大的表现。能忍耐的人，往往可以在社会竞争中立于不败之地。因为，一个缺少忍耐力的人，很容易就被摧折，而有着强大忍耐力的人，则会在风雨中无惧而行，成为笑到最后的人。

世人往往因为不能忍，一句话、一件小事就可以引起纷争，搞得谁都不愉快。

如果能用一颗淡泊的心对待世上的功名利禄，怒气自然就小了，也就不会为了一点小小的得失而大发雷霆。

有位青年脾气很暴躁，经常和别人打架，大家都不喜欢他。有一天，这位青年无意中游荡到了大德寺，碰巧听到一位禅师在说法。他听完后发誓痛改前非，于是对禅师说："师父，我以后再也不跟人家打架了，免得人见人烦。就算是别人朝我脸上吐口水，我也只是忍耐地涂去，安心地承受！"

禅师听了青年的话，笑着说："哎，何必呢？就让口水自己干了吧，何必擦掉呢？"青年听后，有些惊讶，于是问禅师："那怎么可能呢？为什么要这样忍受呢？"

禅师说："这没有什么不能忍受的，你就把它当蚊虫之类的停在脸上，不值得为它打架！"

青年又问："如果对方不是吐口水，而是用拳头打过来，那可怎么办呢？"

禅师回答："这不一样吗！不要太在意！只不过一拳而已。"

青年听了，忽然举起拳头，向禅师的头上打去，并问："和尚，现在怎么办？"

禅师非常关切地说："我的头硬得像石头，并没有什么感觉，但是你的手大概打痛了吧？"

青年立在那里，实在无话可说。

所以说，忍耐是一种高深的修行，需用一番功夫才行。弘一法师曾说过："冲繁地，顽钝人，拂逆时，纷杂事，此中最好养火。若决裂愤激，不但无益，而事卒以偾，人卒以怨，我卒以无成，是谓至愚。耐得过时，便有无限受用处。"人在纷扰之中容易变得顽固、冲动。但这也正是修身养性的好时机。人做事冲动，性情激烈，不但于事无补，而且还会与人结怨，到头来一事无成。这是非常愚蠢的。如果忍耐过这一阵子，便可以受益无穷了。

"忍"字是心头上一把刀，如果忍不住，这把刀就会落下来，伤人伤己。清代的尹和靖说："莫大之祸，皆起于须臾之不能忍，不可不谨。"灾祸往往出于一时的不能忍耐。弘一法师深谙此理，所以"忍耐"贯穿了他的一生。当我们感到愤怒或者遇到逆境的时候，随意发脾气、报复、挣扎都是没有用的，这样只会带来更大的麻烦，让自己陷入更深的痛苦。而"忍耐"这时候就会发生极大的作用。忍耐能够让我们安静下来，耐心地等待一切不快都过去。

辑三　心平气和，才能内心强大

2. 宽恕别人就是善待自己

人褊急，我受之以宽容；人险仄，我待之以坦荡。

——弘一法师《格言别录》

人生没什么不可放下：弘一法师的人生智慧

弘一法师有一句著名的偈语："人褊急，我受之以宽容；人险仄，我待之以坦荡。"大师一生都在身体力行地践行着这条人生至理。

1913年，李叔同在浙江省立第一师范学校任职教授美术和音乐。在课余他就经常教导自己的学生不要总是对别人一些无关紧要的小错误纠缠不休，结果弄得大家都不愉快。其实对于无关紧要的小错误我们没有必要去纠正它，放过去也无伤大雅。因为这样做不仅为自己避免了不必要的烦恼和人事纠纷，而且也顾及了别人的名誉，不致给别人带来无谓的烦恼，同时还体现了你做人的大度。

有一次，一个学生发现了教科书上一处因编排失误而导致的语法偏差，并对此大加斥责，说什么误人子弟、不负责任。而这本教科书恰是李叔同亲手制作的，在当时的条件之下，编排上的失误是在所难免的，李叔同完全可以也有足够的理由为自己开脱，但他没有因此说学生在无理取闹，反而在事后表扬了那个挑错的学生。

这虽是一件小事，但给学生带来的影响却是深远的。李叔同的人格魅力，通过这件事可见一斑。

其实，宽容不仅是对别人的一种谅解，也是对自我的一种解脱。

女教师琼斯面对飞驰而来的汽车，毅然推开自己的学生，结果自己身受重伤。但当她知道肇事司机家庭贫困，还有三个孩子正在读书时，却毅然向法院请求免于追究肇事者的刑事责任。

肇事者是一位乡村小学的教师。那天，他刚刚拿到驾照，他驾驶小汽车本打算停车，可迎面突然驶来一辆大卡车，他慌乱中将刹车踩成了油门，才酿成了惨剧。法院当然不会因为琼斯的求情而减免肇事司机的罪过。但琼斯的宽恕之心却引起了人们的广泛关注，记者还特意采访了琼斯。面对镜头，琼斯平和地说："我本人是教师，对方也是一名教师，车祸不是他故意造成的。我的学生在车祸中差点失去了一位老师，这已经很可悲了，我不想让他的学生也失去老师。俗语说，爱别人就要像爱自己，宽恕他人如同宽恕自己一样！"

宽容他人就是宽容自己。生活中，我们往往在小事上，在对自己伤害不大的事情上，比较容易原谅，但对已经给自己造成巨大伤害的人，却很难做到一笑泯恩仇。其实，无论大事还是小事，我们都应该做到原谅。因为原谅别人的目的，还是为了自己好过。

游妈妈是一位癫痫病患者，老伴中风卧床，她没什么文化，一家人都靠着她洗衣为生，生活艰辛。但游妈妈很欣慰，因为她有一个懂事的儿子。可是，这个唯一的儿子，在参加一场篝火晚会时，不幸被一位喝醉的少年用玻璃瓶杀死了，年仅19岁。可怜的游妈妈，连儿子的最后一面都没有见到。她始终无法原谅那个杀害自己儿子的人。仇恨始终如影随形，让她痛不欲生。

直到有一天，游妈妈在洗衣服的时候突然想起"仇人"今年也已经19岁了，和自己的儿子离去时的年龄一样，如果儿子还活着，应该有美好的前程与希望在等着他，而"仇人"现在还在少年看守所，等他回到社会后，还有什么发展？将心比心，"仇人"的妈妈也一定很难过。游妈妈突然很想去看看这位"仇人"。在朋友的安排下，她到少年看守所见到了当年杀死儿子的男孩。男孩一见到游妈妈，就紧紧地抓住她的手痛哭起来，不停地说"对不起，对不起"，游妈妈抱着他的感觉就像抱着自己的孩子一样，她的心里再也没有仇恨了。

游妈妈还是以给人洗衣为生，但是她心里平静多了，也快乐了许多。

西方有一句谚语说："怀着爱心吃菜，也要比怀着怨恨吃牛肉好得多。"解决仇恨的办法不是报复，而是原谅。佛经云："若有人因无知的恨而害我，我将用无私的爱来度他。"

一位好莱坞女星失恋后，怨恨和报复心理一度使她几乎精神失控。有一天，她在镜中发现自己的面孔布满了皱纹，表情僵硬，她只好找到美容师帮忙。美容师根据自己多年的经验告诉她："如果你不消除心中的怨恨，任何美容术都无法改变你的容貌。"

有人说："怀着仇恨对仇人实施报复的人，也许对仇人的伤害还不足1%，可是他自己却在用自我惩罚的方式达到了伤害的99%。"有一句话叫："感谢你的敌人。"最好的报复方法就是忘记仇恨，甚至，对你的仇人说声"谢谢"！

曼德拉曾因领导反对白人种族隔离的政策而入狱，他被关在大西洋中一个到处是蛇和石头的罗本岛上，一关就是27年。

当时，曼德拉被关在集中营的一个铁皮房里，白天被放出来干活。有时是打石头，将采石场的大石块碎成石料；有时要到冰冷的海水里捞海带；有时是采石灰石的活儿，每天早晨排队到采石场，然后被解开脚镣，用尖镐和铁锹挖石灰石。

作为要犯，看管曼德拉的看守有3人。他们总是找各种理由虐待年事已高的曼德拉。已经60多岁的曼德拉经受着连青壮年都承受不住的劳役和虐待。

1991年，曼德拉出狱后，被选为南非总统。而他在就职典礼上的一个举动震惊了整个世界。

总统就职仪式开始后，曼德拉起身致辞，欢迎来宾。他依次介绍了来自世界各国的政要，然后他说，能接待这么多高贵的客人，他深感荣幸，但他最高兴的是，当初在罗本岛监狱看守他的3名狱警也到场了。随即他邀请他们起身，把他们介绍给大家。看着年迈的曼德拉缓缓站起，恭敬地向3名曾虐待他的看守致敬，在场的所有来宾乃至整个世界，都静下来了。

曼德拉说："当我迈过通往自由的监狱大门的那一刻，我很清楚地知道，自己若不能把悲痛与怨恨留在身后，那么我其实仍身在狱中。"

所以，有人说：对仇人最大的报复就是原谅！曼德拉的博大胸怀和宽容精神，以及他以德报怨的做法，令那些残酷虐待了他27年的白人汗颜，也让全世界的人肃然起敬。宽恕一个人，比爱一个人更难，它需要付出更大的勇气，但唯有宽恕才是解脱心灵的唯一方法。所以，如果有人曾经欺骗了你的感情，伤害了你的亲人或朋友，不要一辈子记恨他，试着去忘记那些伤痛，原谅你的"仇人"。失去的永远都失去了，再怎么怨恨对方，也不可能让一切回到原点，怀着仇恨生活，折磨的只是你自己的内心。要幸福，要快乐，就要放下仇恨，释放了仇恨，才能释放心灵的痛苦，才能以微笑的面容面对生活！

3.拈花前行，无惧流言讥讽

若被人诽谤，切切不可分辩。我常见有人被诽谤，就分辩解释，多受了亏。你不分辩，一谤便罢，更无余患。

——弘一法师《格言别录》

1936年冬，弘一法师由鼓浪屿日光岩移居厦门南普陀寺。当天，他看到高胜进在厦门《星光日报》为他出的特刊，介绍了他的生平事迹。他看了，沉默不语。到了晚上，他才皱着眉头，对随侍弟子传贯说了一番极发人深省的话。他说："胜进他们虽然是出于好意，但其实是对我的诽谤。古人说：声名是诽谤的媒介。看来，我以后在闽南恐怕难于容身了。"说到这里，他静默了好一会儿，又转了语气说："若被人诽谤，切切不可分辩。我常见有人被诽谤，就分辩解释，多受了亏。你不分辩，一谤便罢，更无余患。"

他说起当年在日本，为了公演《黑奴吁天录》，曾读过美国南北战争的历史，那时候领导解放黑奴的林肯，曾说过这样一段话："倘若我要尽读报纸对我的诽谤，势必没有剩余的时间与精力去办事，这办公室就只好关门了。我尽我所知而认为是最善的，便尽我所能去做。我就这么拿定主意直做到底。倘若结果是错误的，那么，就是有十个天使称赞我，于我无益；要是结果是对的，那么，即使现在人人说我坏话，于我无损。"

弘一法师认为，面对别人的诽谤、讥笑、误解等，最好的方法就是沉默，不解释，任流言自然消亡。1937年晚春，法师应邀去青岛湛山寺讲律，开示《律己》时，也讲到"息谤"。他说，怎样息谤呢？就是"无辩"。人要是受了诽谤，千万不可分辩，因为你越分辩，诽谤反而弄得越深。比如一张白纸，偶然误染了一滴墨水，这时你不要动它。你不动它，它就不会再向四周洇开。倘若你立时想要它干净，一个劲地去揩拭，那么，墨水一定会扩大面积，玷污一大片。

只要我们还活着，只要我们还要和人打交道，那么，被人说"闲话"就是不可避免的。有些闲话无伤大雅，有些却是捕风捉影的造谣中伤。流言止于智者，面对流言，一笑置之远比极力辩解要好得多。"清者自清，浊者自浊"，流言最怕真相，在恰当的时候，我们摆出事实，敞开大门，流言自然无处遁形。在工作和生活中，遭遇流言是难免的事。我们不必理睬造谣生非者，也无须惧怕那些闲话，当我们不为闲话所左右，闲话对我们来说也就毫无意义了。

布袋和尚曾说过一句话："有人骂老拙，老拙自说好；有人打老拙，老拙自睡倒；有人唾老拙，由它自干了；你也省力气，我也少烦恼。"我们有太多的烦恼，都是因为人与人之间的闲话引起的。我们总是在乎别人怎么说、怎么看，担心自己哪一句话说得不好被人家挑理，害怕自己的一些不得体的行为被人们嘲笑。于是，怕被别人责怪而自责、怕被别人取笑而自卑、怕难堪而自闭。或者为那些闲话你来我往，纠纷不断。

有一个小和尚向师父诉说自己的苦恼，因为师兄弟们老是说他的闲话，搞得他不能好好念经，天天为那些闲话而忧心忡忡——不知道今天师兄弟们又要说他什么闲话。

"师父，你一定要管管了。他们怎么可以随便说别人的闲话呢？"

师父双目微闭，轻轻说了一句："是你自己老说闲话。"

"才不是，是他们瞎操闲心。"小和尚不服。

"不是他们瞎操闲心，是你自己瞎操闲心。"

"不，明明是他们多管闲事。"

"不是他们多管闲事，是你自己多管闲事。"

"师父为什么这么说？我管的都是自己的事啊！"

"操闲心、说闲话、管闲事，那是他们的事，就让他们说去，与你何干？你不好好念经，老想着他们操闲心，不是你在操闲心吗？老说他们说闲话，不是你在说闲话吗？老管他们说闲话的事，不也是你在管闲事吗？"小和尚茅塞顿开。

别人怎么看你、怎么说你，并不重要，重要的是自己怎么看，根本不必为他人的口舌而烦心。别人说什么，你想拦也拦不住，对于闲言碎语不妨采取豁达与漠视的态度。风吹雨过，烟雾自然消散，天地间原本是如此澄明，何必在意别人说什么呢？原本清白的你，有可能因为闲话而越辩越黑，为别人的闲话把自己的前途和幸福都搭进去，就更不值得了。

佛说："立身不高一步立，如尘里振衣，泥中濯足，如何超达？处世不退一步处，如飞蛾投烛，羝羊触藩，如何安乐？"要想在是非中撇清自己，谈何容易？与其百口难辩，还不如不置一词，任其自生自灭。俗话说："沉默是金。"面对毁谤，何妨以沉默作答，隐忍一下，待到日后真相大白，毁谤自然烟消云散。

相传，佛祖释迦牟尼在世时曾一度遭到别人无理的谩骂和诽谤。然而，每次释迦牟尼总是心平气和地保持沉默。一天，那个人遇到了释迦牟尼，再次对他出言不逊，言语十分污秽。佛祖依然故我，好像没有听到似的。等到对方骂累了，他才问那个人："我的朋友，如果一个人送东西给别人，对方却不接受的话，那么那个东西是属于谁的呢？"

"当然是那个送东西的人啦！"那个人不明就里地答道。

"你一直在骂我，如果我不接受的话，那么那些话是属于谁的呢？"那个人一时语塞。

装聋作哑，并不是心虚，而是不愿意理、不屑理，不值得为流言去动气，去浪费我们的精力。诽谤你的人，就是想看你气急败坏的样子，等着你回击，以便找借口对你下手。如果你不动声色，毫无反应，那么，不开心、坐立难安的就是诽谤者自己了。

唐代诗僧寒山问拾得禅师："今有人侮我、辱我、慢我、冷笑我、藐视我、诈欺我、毁我、伤我、嫌我、恨我，则奈何？"拾得禅师回答："子但忍受之，依他、让他、敬他、避他、苦苦耐他、装聋作哑、漠然置他、冷眼观之，看他如何结局。"

如果人人都能达到如此境界，相信再恶毒的流言也会望而却步。对流言漠然视之，就如同把谩骂与诅咒原封不动地还给流言制造者一样，在谩骂声中，我们依然可以拈花前行，活得自在逍遥。

4. 不抱怨，心中无嗔便是净土

不嗔，嗔习最不易除，"一念嗔心，能开百万障门。"可不畏哉！

——弘一法师《改过十训》

什么是嗔？嗔包括一切及各种程度的郁闷、烦躁、生气、排斥、反感、厌恶、嗔恚、吝啬、嫉妒、追悔、忧愁、悲伤、痛哭、恶念、仇恨、恼怒、怨恨、暴怒、毁灭等负面情绪。嗔的特相，是排斥、反击、凶恶、残暴。弘一法师认为，"一念嗔心，能开百万障门"，人一旦有了嗔心，就会失去理智，失去正确的判断力。因此弘一法师认为"嗔心"是要不得的，一旦养成嗔习就很难戒除，所以，我们要时刻警惕自己，不可让嗔心来破坏我们的情绪和心智。

每天我们都可能生出无数嗔念，甚至时时刻刻都要谨防嗔念的产生。任何不好的情绪都是嗔念，无论你的嗔念是否理由充分，都是要不得的。比如，爱干净的人看到别人把屋子弄乱了就会去责怪，这就是嗔念。嗔念会让我们心境不平和，伤身伤神，对我们没有一点儿好处。所以，一旦出现嗔念之心，我们就要赶紧想办法戒除。

弘一法师的身体不好，每次出门都要坐人力车。有一次，车夫索价高了些，随行人员便同车夫讨价还价，乃至争执了起来。法师向来不同人讨价还价，听到随行人员与车夫争执后，便不高兴，一直劝随行人员按索价付车费。而弘一法师回到寺里后，就立刻很生气地将禅门关紧，说是要断食，连送去的饭食也不肯食用。昙昕法师听说后，急忙与寺中的传贯法师商量，要劝弘一法师不要断食。两个人一起来到弘一法师的房子，一直叫门，法师都不开门，直到晚上才打开房门。因为法师过午不食，所以晚上开门对断食全无影响。弘一法师说起自己断食的缘由："唉！你不晓得，我们出家人一发了脾气，如没有断食，把动怒的心压制下来，就会堕入恶趣。"他说此话时神情庄重肃穆。

弘一法师断食，是为了要平息自己的嗔怒。我们平时如果一时忍不住，让自己动了嗔心，也需要在事后给自己反省，找一个安静的空间，把自己刚才发怒的情节再想一遍，想想如果换一种方式处理会怎样。下一次，遇到同样的事，你就不会轻易发火了。

有两个修行很高的禅师，经常在一起论佛。他们一个叫坦山，一个叫云升。坦山放浪不拘小节，云升为人庄重，不苟言笑。有一天，坦山正在喝酒，云升正好来看他。坦山便邀请云升一起喝，云升拒绝了。坦山说："连酒都不喝，真不像人！"

云升听后大怒，质问说："你为什么骂人！"

坦山疑惑地说："我并没有骂你！"

云升说："你说我不会喝酒就不像人，这不是明明在骂我吗？"

这时，坦山缓慢地说："你的确不像人。"

云升更生气地说："好！你骂我，我不像人像什么？你说！你说！"

坦山说："你像佛。"云升哑口无言。

可见，连高僧都会有嗔心，有无嗔心是检验一个人修养高低的关键。一个人无论有多高的学识，如果不能戒除嗔念，他就无法成为一个有涵养的人。

《黄帝内经》中说："喜怒不节，则伤脏，脏伤则病起。"当人愤怒时，交感神经兴奋增强，从而使心率加快、血压升高，所以经常发怒的人容易患高血压、冠心病，而且易使病情加重，甚至危及生命。

有位智者曾经说过：不要在生气的时候做任何决定。

试想一下，有多少错误的决定和行为都是在生气的情况下做出的？发怒时，人的情绪往往不受理智控制，举起手来就打人，别人的解释也听不进去。待气消了，后悔自己先前太冲动，但苦果已经酿成，后悔也来不及了。

有一位经理，因妻子忘记调闹钟，早上起来晚了，发现上班快要迟到了，便急急忙忙地开着车往公司狂奔。为了赶时间，他连闯了几个红灯，最终在一个路口被警察拦了下来，开了罚单。到了办公室之后，这位经理犹如吃了枪药一般，看见桌上放着几封昨天下班前便已交代秘书寄出的信件，更是气不打一处来。他把秘书叫了进来，劈头就是一顿臭骂。秘书被骂得很不爽，拿着信件，走到总机小姐跟前，没由来地狠批一顿。总机小姐被骂得心情恶劣之至，便找来公司职位最低的清洁工，借题发挥，对清洁工人没头没脑地又是一顿指责。清洁工没有人可以撒气，憋着一肚子闷气无处发泄。待下班回到家，看到读小学的儿子正趴在地上看电视，衣服、书包、零食满地乱丢，遂把儿子狠狠地教训了一顿。儿子电视也看不成了，愤愤地回到自己的房间，见到家里那只大懒猫正趴在房门口呼呼大睡，一时怒由心中起，狠狠地踢了它一脚，猫尖叫一声，飞快地逃走了。

因为生气，我们对人说话时，往往就不够冷静，不够宽容，甚至本来很平常的一件小事，因为生气，做出了错误的决定，因小失大。当然，这些因为生气造成的后果还是轻的。甲和乙因为小事吵架，甲一怒之下，抄起身边的一根棍子，一闷棍把乙打成了植物人。这样的事情在生活中可以见到。本来是小事却搞出人命来，这都是一气之下、一时冲动造成的。所以，人在生气的时候，不要做任何决定。

控制自己的愤怒情绪的确是件非常不容易的事情，要具备这种能力，有几个基本方法：

（一）请反复分析你的行动可能带来的严重后果。

（二）无论如何，你都要按照符合你最大利益的决定行动。

（三）在发怒的时候，要学会转移自己的怒气，数数或者暗示自己平静下来，都是好办法。当然，最好是保持良好心态，让自己别轻易发怒。

（四）保持平和心态，在生气时，不要用力踩踏地板，不要大喊大叫，不要紧握拳头，因为当你这样做时，你的潜意识可能会不经你的大脑，就将你的拳头挥出去。在心情激动之时，可以静坐下来，降低音调，情绪就会逐渐稳定。

嗔怒来得快，去得也快，因此，当我们发怒的时候，一定要学会克制。当你发觉自己的怒气有可能无法控制时，不妨先离开让你生气的场合，或者去做别的事情转移你的注意力。尤其是在事情没弄清楚之前，千万不要乱发脾气。无论你如何愤怒，都不要做出任何无法挽回的事来。

辑三 心平气和，才能内心强大

5. 少一份争执，多一份从容

汝虽于净土法门，颇生信心；然犹有好高骛胜之念头，未能放下，而未肯以愚夫愚妇自命。

——弘一法师《晚晴集》

一位著名的企业家说过："不要轻易和人发生争执，争来争去不仅会伤了彼此的和气，还会平添无谓的烦恼。"言语上的争执，并不能使我们得到什么。相反，还会让我们失去平静解决事情的机会，造成不必要的麻烦和后果。

人与人之间难免发生摩擦，产生争执。爱计较的人，有一点儿矛盾就抓住不放，常因此弄巧成拙。某电视台报道了这样一个事件：在一座立交桥上，两辆轿车因为拥堵发生了小小的剐蹭。结果，两辆车上的司机互相指责，先是发生了口角，后来竟然大打出手，最后两个人都头破血流，住进了医院。

在上下班高峰时，人多车挤，两辆车发生一点儿小摩擦在所难免，但双方却因此争执不下，终至酿成苦果。暂且不论到底谁错在先，谁违反了交通规则，单争执这件事本身就很值得反思。其实，静下心来想一下，人生在世，人与人之间很少会有什么不共戴天的仇怨。但偶尔与人发生一些小的摩擦，却是常有之事。

有人曾经做过统计，几乎90%的刑事案件都是因为小事而争执引起的。许多夫妻之所以离婚，也是因为双方永无休止的争执。为了一些琐碎的生活小事，夫妻双方各执一词，互不相让，最终使本来美满的家庭走向了破裂。

所谓"忍一时风平浪静，退一步海阔天空"，对于一些非原则性的争执，我们还是少些争执为妙。有位情感专家曾劝诫那些年轻的夫妻："如果有一天，当你跟爱人发生争执，你就让他赢，他又能赢到什么？所谓输，你又输掉了什么？这个赢和输，只是文字上罢了，我们大部分的生命都浪费在语言的纠葛中。其实，在很多时候，争执并没有留下任何输赢，却失去了很多本应珍惜的感情！"

因此，我们要学会放下自我，于人于己，少些无谓的争执。只有这样，我们才能腾出时间，从容地面对真正的挑战，才能集中精力做一些有意义的事情。

颜回是孔子的得意门生。有一次颜回看到一个买布的人和卖布的人在吵架，买布的大声说："三八二十三，你为什么收我二十四个钱？"

颜回上前劝架，说："是三八二十四，你算错了，别吵了。"

那人指着颜回的鼻子说："你算老几？我就听孔夫子的，咱们找他评理去。"

颜回问："如果你错了怎么办？"

买布的人答："我把脑袋给你。你错了怎么办？"

颜回答："我把帽子输给你。"

两人找到了孔子。孔子问明情况，对颜回笑笑说："三八就是二十三嘛。颜回，你输了，把帽子给人家吧！"

颜回不知道老师葫芦里卖的什么药，只好把帽子摘下，交给人家。那人拿着帽子高兴地走了。

待人走后，孔子告诉颜回："说你输了，只是输一顶帽子；说他输了，那可是一条人命啊！你说帽子重要还是人命重要？"

明明对方错了，却不争不斗反而认输，虽然自己吃点小亏，但使别人不受损，我们在生活中其实也做过很多类似的让步。比如，上司明明错了，你还得忍气吞声，点头赞同上司；父母年纪大了，你明知他们的观点不对，但你还要服从他们。我们做出让步的同时，心里一定都不痛快，因为我们认为这是忍让，是屈从。因为我们对强权和强者忍让太多次，所以，对那些不如我们的弱者反倒咄咄逼人，反而不愿意忍让。真正的忍让是发自内心的，是一种快乐和解脱。比如，一大早你就出门，迎面却被一辆三轮车刮了一下。三轮车车主很害怕，你却只是轻轻地说："没事，你走吧！"事后，你对朋友说："看他怪可怜的，一大早就去拉货挺不容易的，赔我一件衣服他一天就白干了。"你的宽容会让你从心底感到快乐。这样的人生淡定从容，是真正的大度，是真正的大快乐。

辑四

放下放下，越放下，才能越快乐

1. 别让欲望绑架了你的心

人必须控制自己的欲望，要想自己过得安稳自在，没有烦恼，就要做到减少欲望。

——弘一法师

"欲望像海水，喝得越多，越是口渴。"欲望过多，不加节制，便成了贪婪。欲望会不知不觉地控制我们的心智，绑架我们的心灵，使人一步步走进欲望设下的陷阱里。

在一条偏僻的老街上，有一家铁匠铺，里面住着一位老铁匠。如今，已经没有人打制铁器了，老铁匠只好改卖铁制的生活用品，比如铁锅、斧头等。生意很冷清，大半天也来不了一位顾客。于是，人们经常看到老人一手拿着一个半导体，一手举着一把紫砂壶，坐在店门口喝茶，听收音机。老人从来不主动招呼生意，开这个店，更多的是为了打发时间，赚钱倒在其次。他老了，挣的钱够自己喝茶和吃饭就行了，他很满足。

有一天，一个古董商人从老铁匠的店铺门前经过，不经意间看到老铁匠手里的紫砂壶。他一眼就看出，那是一把罕见的古董紫砂壶。再仔细观察，他认定，这是清代制壶名家戴振公的作品，戴振公素有"捏泥成金"的美名，据说他的作品现在仅存 3 件。难道世上还有第 4 件吗？古董商人征得老人同意后，端起那把壶仔细端详起来，果然没错，就是戴振公的作品。

古董商人二话不说，出价 10 万元要从老人手里买下这把壶。老铁匠听到这个报价瞪大了眼睛。这把壶是他的爷爷的爷爷留下来的，他从来不知道，一把泥做的茶壶会这么值钱。不过，他拒绝了古董商的请求。这是祖传之物，他不能卖。

壶虽然没有卖成，但古董商走后，老铁匠有生以来第一次失眠了。他端着茶壶左看右看，以前他喝茶时，茶壶随便往身边一放，想喝时，捏着壶把往嘴里一送。现在，他总是害怕自己不小心把壶磕了，碰了。他的心思都在茶壶上，忘了茶的味道，忘了听收音机里的相声，忘了看门外悠闲的风景。

更烦人的日子还在后头，镇上的人听说老人有一把价值连城的茶壶后，门槛都快被踏破了。晚上经常有人推他家的门。老人怕壶被人偷走，不得不加固了大门。

就这样，原本一把普通的紫砂壶摇身一变成为古董之后，老人的生活彻底被搅乱了。

过了一段时间，商人再次带着 20 万元现金登门，老铁匠再也坐不住了。他招来左邻右舍，拿起一把斧头，当众把那把紫砂壶砸了个粉碎！从此，老人又恢复了喝茶听收音机的平淡日子，只是那把名贵的紫砂壶换成了一把普通的紫砂壶。

就这样，老人端着这把普通的紫砂壶安然活到了 120 岁。

由茶壶引起的一系列连锁反应让老人的日子乱了套。故事中的老人，意识到让自己不快乐的原因是茶壶时，竟然愿意砸碎价值不菲的茶壶，这是许多人难以理解的。其实，再多的钱财，也不过是身外之物，有它，我们每顿吃一碗饭；无它，我们每顿也是一碗饭。只要我们的心灵能够宁静快乐，有多少钱并不重要。印度诗人泰戈尔说过："如果鸟儿的翅膀绑上了金子，那么它肯定飞不高。"人每天要面对许多诱惑，它们以不同的面目和借口引诱我们成为它们的俘虏。而世人却常常不知道自己不幸的来源。

有一位法师一辈子做好事、做功德、盖庙宇、讲经说法，自己虽没有打坐、修行，可是他功德大。他年纪大了，就看到两个小鬼来捉他，那两个小鬼在阎王那里拿了拘票，还带了刑具手铐。这个法师说："我们打个商量好不好？我出家一辈子，只做了功德，没有修持，你给我7天假，7天打坐修成功了，先度你们两个，阎王我也去度他。"那两个小鬼被他说动了，就答应了。这个法师以他平常的德行，一上座就万念放下了，庙子也不修了，什么也不干了，3天以后，无我相、无人相、无众生相，什么都没有，就是一片光明。这两个小鬼第七天来了，看见一片光明却找不到他了。

完了，上当了！这两个小鬼说："大和尚你总要慈悲呀！说话要有信用，你说要度我们两个，不然我们回到地狱去要坐牢啊！"法师大定了，没有听见，也不管。两个小鬼就商量，怎么办呢？只见这个光里还有一丝黑影。有办法了！这个和尚还有一点不了道，还有一点乌的，那是不了之处。

因为这位和尚功德大，皇帝聘他为国师，送给他一个紫金钵盂和金缕袈裟。这个法师什么都无所谓，但很喜欢这个紫金钵盂，连打坐也端在手上，万缘放下，只有钵盂还拿着。两个小鬼看出来了，他什么都没有了，只这一点贪念还在。于是两个小鬼就变成老鼠，去咬这个钵盂，老鼠一咬，和尚动念了。一动念，光没有了，就现出身来，他俩立刻把手铐铐上。和尚很奇怪，以为自己没有得道，小鬼就说明经过，和尚听了，把紫金钵往地上一摔。好了！我跟你们一起见阎王去吧！这么一下子，两个小鬼也开悟了。就是这一个故事，说明除贪之难。

人只要有欲望，就有可能被欲望控制心智。比如，有一个贪官对什么都不在乎，就是爱收藏。有人送钱给他，他不要，可一旦有人送来珍贵的文物字画，他就再也放不下了。你控制不了欲望，欲望就会来控制你。

弘一法师曾经讲过这样一个故事：

杭州有个名叫叶洪五的孩童，9岁时突然遭噩梦侵袭，惊坐而起，吐血不止，病倒了。他一直未能痊愈，任家里用了多少办法，都治不好。洪五聪明伶俐，家人都非常疼爱他，看他病重不愈，非常担心，不是送来财帛，就是送来珍贵的药材，但是他的病情仍未有半分起色。他的祖母暗暗伤心，遂倾尽所有的财帛买物放生，想要积累功德，没想到洪五反而因此痊愈了。

弘一法师借这个故事告诉人们：一个人不要将钱财看得太重，太过爱财，心情郁结，连疾病都不容易痊愈，而钱财一旦被当成身外之物，人自然就会变得轻松，百病不生。戒贪，一直以来都是佛教的一戒。佛教中人的十指相合手势，便是教导世人不要让金钱腐蚀了人的内心之意。

金钱对于我们的生活来说，的确很重要，但我们必须清楚金钱并不是万能的。挣钱的目的是让自己的生活过得更好。但钱不是神，而是仆人，如果一个人被金钱奴役，反而成了金钱的奴隶。我们不能很好地去把握和控制金钱，那么，钱越多，对我们的害处则越大。要知道：金钱并不是生活的全部，生活中有比金钱更重要的东西。

2. 放下包袱，让心灵轻装前行

金钱、声色、名利，这些世人追求的东西，即使拥有再多也不会感到满足。它们是使人们堕入地狱苦海的工具，我们要厌恶它们，抛弃它们，只有这样才能摆脱这些东西的束缚，自己的身心才能自在。

——弘一法师

从前，有个和尚，外出化缘时身上总是带着一个布袋，于是人们就叫他"布袋和尚"。每次，布袋和尚空着布袋出去化缘，都会背着满满一布袋回来。后来，布袋和尚嫌一个布袋不够用，就又带了一个布袋出门化缘。

这一天，他背着沉甸甸的两个大布袋往寺里走，可是布袋太重，走到半路就背不动了。于是，他便背靠着一棵大树坐下休息。不一会儿，困劲儿就上来了，他迷迷糊糊地睡着了。睡着睡着，他突然听到有人在耳边说："左边一个布袋，右边一个布袋，放下布袋，何其自在。"听完这句话，布袋和尚就醒了。醒来后，他细细回味着梦里的那句话：是呀，我左边一个布袋，右边一个布袋，没走几步就累得不行了，如果把布袋放下，那不是很轻松吗？于是，他放下了两个布袋，当下顿悟了。

以淡泊之心处世，才能真正做到放下。其实，说到底，人生的幸福与苦恼也无非衣食住行、功名利禄，有过多的欲望折腾着自己，总想找到一个出口，然而却不断地迷路。就算偶尔兴奋也只是小人得意的浅薄，欢笑之后的痛苦只有自己品尝。当你舍弃浮华，放下包袱，轻松上路的时候，你会感到从来没有过的开心与自在，这就是简单与质朴的生活，每一个人都应该好好去享受。

就是一张纸，举的时间久了，人都会受不了，更何况是生活中一个又一个不顺心的事，那何止是几千张纸的重量。人如果不学会放下，一张纸的压力也会把你压倒。也许有人会说，你没遇到我的事，要是你遇上了，一样会受不了。但受不了，不等于放不下。既然举不动它，为什么不放下呢？你扛着麻包，说，这是没办法的事，因为你要养家，你扛着你的失败和痛苦，又做什么呢？你根本不需要它们。你说，虽然我不想要它们，可它们还是来了。扛着麻包，你可以放下来休息一会儿再扛上去，可是失败和痛苦你能不能放下来一会儿再扛上去呢？你肯定说，不能。虽然不能，但是，你却可以把它们像丢垃圾一样处理掉。

一个年轻人背着巨大的包裹，不远万里去拜访一位禅师。

禅师问："你的包裹里都放了什么？"

年轻人回答："是我以往经历的痛苦、挫折……"

禅师点了点头，带着年轻人坐船渡江。上岸后，禅师说："扛上这条船，我们继续赶路吧！"

年轻人不解："大师，船这么重，我怎么可能扛得动呢？"

禅师笑了，说道："你说得没错，船是过河的工具，过河之后我们就要把它留在岸边，脚步轻松地前进，如果我们还要背上船一块儿走，就寸步难行呀！"

年轻人顿悟。

这个年轻人在寻求人生真谛的路上饱经磨难，尝尽了人生百味，他把所有的痛苦、经历都视为人生的财富装在行囊中，但他忘了一点，真正的财富是从痛苦中吸取经验和教训，而非痛苦本身。想要走得更远，对人生体悟得更深刻，就要学会放下，轻装上路。在人生的旅途中，要学会放下遭遇过的各种不幸、挫折、失败、痛苦……只有这样，才能腾出心灵的空间去感受生活的美好。

人生就像是一场旅行，每个人都希望自己的旅程是快乐的、轻松的，那唯一的办法，就是放下包袱，丢弃多余的负担。什么是多余的负担呢？有些人为了轻装上路，把责任和道义扔下，这是一种错误的取舍。只有那些与当下无关的痛苦和忧伤，那些我们再也用不到的或多余的财物，才是负担。而人的职责、人性、正义这些，即使有千斤重也不能将它们从肩上卸下。除了这些，人生再没有更重要的东西，即使你此刻一无所有，对你的人生也毫无影响。放下也许会有遗憾，会有伤感，但是却会让我们生活得更加淡定和安然。

我们背着理想、感情、责任和道义，忙忙碌碌，疲于奔命，不能停步，不敢懈怠，也不敢轻言放弃。于是，身上的包袱越来越多、越来越重，如果我们不适时地放下一些东西，那么，最终会压得自己身心疲惫，劳累不堪。

放下了，也就轻松了。可是，在我们的现实生活中，放不下的东西多之又多。

有一个《蝜蝂传》的寓言，讲了一个很耐人寻味的小哲理：

蝜蝂是一种喜爱背东西的小虫子。它在路上爬行的时候，只要遇到东西，它总是抓过来就背到身上。它的背很不光滑，因此东西堆上去不会散落，东西越背越重，但它即使累得爬不动也不肯扔掉背上的东西。有人可怜它，替它去掉背上的东西。可是，蝜蝂只要还有一点力气，就会把东西再背上去。它还非常喜欢往高处爬，用尽了力气也不肯停下来，结果常常摔死在地上。

很多人就像蝜蝂一样，喜欢把什么都背在背上。别人无意中说的一句坏话，看他的一个不太友善的眼神，都会压在他的心头，动不动就翻出来体味一番，抱怨一番，痛苦一番。这样的人生怎么会快乐呢？

常言道："举得起放得下的是举重，举得起放不下的叫作负重。"生活是无奈的，有时它会逼迫你不得不交出你不想失去的东西。比如，你深爱的人决意要离开你，你必须离开喜欢的工作岗位。你以为失去了它们，你的人生从此将一无所有，灰暗无光。这是因为你没有放下。放下不等于放弃，放下也并不意味着失去。放下，意味着你的人生将重新开始。放下昨天的感情，意味着我们将获得另一段更为真挚的感情；放下昨天的事业，意味着你将重新开始另一份更适合你的事业。

明明已经不快乐了，为什么还不放下？因为贪心的本性使然，因为害怕放下便一无所有，因为你曾经为之付出太多的努力。但无论哪种原因，如果你意识到你已经不适合再背负着这些东西，甚至你的身体已经向你发出警告时，再不放下，就晚了！

有人会说：我为什么要放下？感情是我用很多付出争取来的，

钱是我用汗水赚来的，这一切的一切，都来之不易！可是，如果它们已经让你感到身心疲惫、喘不过气时，你觉得这些得之不易的东西对你来说还有幸福可言吗？如果没有了，为什么不放下？就像一堆发霉的食物，就算是你从天上摘下来的蟠桃，你也得把它们扔到垃圾桶里。再好的东西，如果它们已经压得你喘不过气来，也不过是一堆垃圾。放下吧，放下昨天的荣誉，昨天的痛苦，昨天的成功。

辑四　放下放下，越放下，才能越快乐

3.心被外物所牵你才会受煎熬

不为外物所动之谓静，不为外物所实之谓虚。

——弘一法师《格言别录》

人生没什么不可放下：弘一法师的人生智慧

弘一法师在讲经说法时曾提到智者大师的一句话："世间色、声、香、味、触，常能逛惑一切凡夫，令生爱著。"他解释说："'色、声、香、味、触'是五尘，属于物质，再加上一个'法'，名为六尘，法属于知识。眼所见者为色，耳所闻者为声，鼻所嗅者为香，舌所尝者为味，身所接触者为触。这都是外面的环境，容易迷惑人，令人生起贪嗔痴慢。为了追求物欲享受，使人生起爱著，一爱一执着，毛病就来了。心被境界所转，即是凡夫。"

法师刚出家那阵子，住在浙江的一座古寺中修行。寺里的老和尚派了一个小和尚照顾他。其实，法师吃饭的碗碟向来都是自己洗，桌子自己擦，居室自己扫，自己洗衣服，自己补衣服，洗脸漱口的用水也是自己打的，是不需要人照顾的。法师不忍拒绝老和尚的心意，便只好接受了这份盛情。好在他只是在此暂住个把月。一天，照顾法师的小和尚看墙上新贴着一张字条，上书无尽禅师偈句：

一池荷叶衣无尽，数树松花食有余。

深恐世人知住处，为移茅舍入深居。

小和尚似要问什么，却没好意思张口，只是看着字条出神。法师便轻声问他："看得懂吗？"小和尚恭敬回答："字懂得，就是意思没懂。"

法师亲切地说："这是无尽禅师出家时写的偈句，说的是一个出家人，应该以学佛修道为本，不要为衣食所累。日中一食，树下一宿，是出家人的本色。我福薄业重，又出家未久，深恐为在俗时的虚名所扰，故常择居偏僻茅舍，以避声华。无尽禅师'深恐世人知住处，为移茅舍入深居'这两句，我很喜欢，所以手录墙壁，用以自加做戒。"

法师到深山中修行，是因为觉得自己的修行不够，恐为世俗人情打扰，难免心念不一。那么，我们平常人想在俗世保持清静之心，不被外物所扰就更是难上加难了。

美国著名小说家塞林格的《麦田里的守望者》被认为是美国文学的经典，总销售量已超过千万册。在成名之后，塞林格不是像常人那样，住豪宅、穿华衣、开名车，而是过起了深居简出的隐居生活。他退隐到新罕布什尔州乡间，在一个风景秀丽的地方买了90多英亩土地，在山顶盖了一座小屋，房屋的周围都种上树木，屋外拦着将近2米高的铁丝网，网上还装有警报器。他每天早上8点半带了饭盒入内写作，下午5点半才出来，在此期间，家人不能来打扰他，如有要事，只能电话联系。

他偶尔去小镇购买书刊，有人认出他，他马上拔腿就跑。有人登门造访，得先递上信件或便条，如果来访者是生客，就拒之门外。他从不接受媒体的采访，成名后，只回答过一个记者的问题，那是一个16岁的女中学生为给校刊写稿特地去找他的。

诚然，塞林格的与世隔绝也是很奢侈的。毕竟，那90多英亩的土地和装着铁丝网的小屋就不是一般人置得起的。

一位禁欲苦行的僧人，到山中去隐居修行。有一天，他发现自己唯一的换洗衣服破了一个洞。于是就到山下的村庄向村民要来一块布缝补。回到山中，过了几天，他发现原来茅屋里有一个鼠洞，衣服就是被老鼠咬破的。为了防止老鼠再咬破衣服，他到山下向村民讨来一只猫。猫需要吃食物，于是，他又向村民要了一头奶牛，每天挤牛奶喂猫。但是，每天要照顾小猫和奶牛影响了他的修行，他便到山下寻来一个流浪汉，请流浪汉代替自己照顾猫和奶牛。为了吃饭，流浪汉又在山上开了一片地，种了一些作物。过了一些日子，流浪汉说："我需要一个老婆。"事情可想而知，有了女人，接下来便是孩子，有了老婆、孩子便需要更大的房子，种更多的地，养更多的奶牛……到了后来，整个村庄都搬到山上去了。

这个苦行僧只为了一件衣服便新造了一个村庄，想修行也不可能了。欲望就像一条锁链，一个牵着一个，永远不能满足。欲望是人性中的一部分，无法泯灭，我们所能做的，就是合理控制自己的欲望，修剪自己的野心，让自己不做欲望的奴隶。

在曼谷的西郊有一座寺院，索提那克法师是寺院的新住持。索提那克法师发现寺院的山坡上到处生长着杂乱而青翠的灌木。为了让它们看起来美丽一些，索提那克找来一把剪子，一有时间就去修剪灌木。半年过去了，一些灌木被修剪成一个半球形状。

有一天，寺院来了一个有钱人。有钱人向法师请教了一个问题："人怎样才能清除掉自己的欲望？"索提那克法师微微一笑，折身进内室拿出剪子，让客人跟着自己来到寺院外的山坡上，然后指着那些修剪好的灌木说道："只要经常像我这样，反复修剪一棵树，你的欲望就会消除。"

有钱人疑惑地接过剪子，走向一丛灌木，咔嚓咔嚓地剪了起来。过了一会儿，法师问他感觉如何。他说："身体倒是轻松了许多，心里也不像先前那样烦躁了，但脑子里那些欲望好像还在，并没有消除。"

索提那克法师笑着说："你以后要经常来这里修剪，过一阵子就好了。"

这个人就经常到寺院里修剪灌木。三个月后，一只展翅欲飞的雄鹰已经初具形状了。这时，法师来到有钱人身后，问他："你懂得如何消除欲望了吗？"

有钱人面带愧色地回答说："每次在修剪的时候，我觉得心里的欲望已经没有了，可是，一旦回到家里，回到我的生意圈子里，所有的欲望又全部冒出来了。法师，你说，这是怎么回事？是不是我太愚钝了？"索提那克法师笑而不言。

当这只鹰完全成型之后，有钱人还是没能摆脱欲望的枷锁。他甚至怀疑法师的办法根本不灵。法师笑了，说："你知道我当初为什么建议你来修剪灌木吗？我不知道你每次修剪前发现没有，原来剪去的部分，会重新长出来。就像我们的欲望，你别指望完全消除它们。你所能做的，就是尽量去修剪它。放任欲望，它就会疯长，如果你能经常修剪它，反而会成为一道悦目的风景。"

每个人都会有欲望，一个欲望刚刚消失掉，新的欲望又会浮上心头。甚至可以说，产生欲望是人的本能，如果人没有欲望，每天确实不需要那么忙碌，但人生的乐趣就会减少很多。但是，如果欲望太多，不但对人一点儿好处也没有，反而会成为枷锁，让我们疲惫不堪。甚至，有很多欲望难以达成的人，会因为急功近利做出一些不理智的事情来。

定期清理你的欲望，甚至当欲望来到时，你不妨将它暂时放一放，看过一段时间，你是否还会对它念念不忘。比如，当你看中一件价值不菲的衣服时，不要急于将它买下来，过几天，你会发现，你已经没有了当时那样强烈的购买冲动。当你有了超出自己能力的欲望时，不妨问问自己，我真的需要那些欲望吗？

4. 不要用别人的过错来惩罚自己

今人见人敬慢，辄生喜愠心，皆外重者也。此迷不破，胸中冰炭一生。

——弘一法师《格言别录》

我们都是普通的人，生活中充满不同的烦恼，有的来自工作的压力，有的来自自身的心态。遇到一个无情无义的朋友，我们会埋怨自己遇人不淑；遇到一个暴躁、狭隘的领导，我们会抱怨这个世界不公平，好人没好报，总是受欺负；遇到一个不讲礼貌、不讲卫生的路人，我们会觉得现在这个社会的人素质真差劲；遇到不公平的事情发生在我们身上，我们会埋怨世态炎凉……如今的人往往是别人对他恭敬，他就高兴，别人怠慢他，他就生气，这都是被别人的态度所左右的人。如果认识不到自己身上的这一弱点，那么，一生都要忍受这种煎熬。

做人做事不顾及别人的感受，是不行的，但是如果太在意别人的态度，就会失去自我。人活一世，最重要的还是做自己，而不是做别人的应声虫。弘一法师特意把上面那两句话摘录下来，目的就是要告诉我们：要做一个真正的自己。

喜欢抱怨的人总会不由自主地想到生活中种种不开心的事情，想到生活在自己周围的人们的种种不是；想到背叛自己的朋友，想到总是让自己伤心的爱人。别人的错误仿佛刻刀般，在他们身上刻下了深深的烙印，让他们终日生活在抱怨、苦恼和咒骂中。要记住，不管别人对你犯下了什么错，你都没有理由让宝贵的生命浪费在对别人的埋怨和痛恨里，与其浪费时间去埋怨别人，倒不如好好经营自己的生活。别人不小心碰了你一下，就算别人没有道一声歉，也没必要太较真儿，但若本是他人不对，反而自己装了一肚子气，何苦呢？

不要拿别人的错误惩罚自己。这样浅显的道理人人明白，却不是人人都可以做到的。错误总是让人心生怨恨与懊恼，导致其更加疯狂地寻找遮盖伤口的挡箭牌，于是，就情不自禁地要去惩罚别人。如果伤害我们的人得不到惩罚，我们就会感到愤怒、痛苦，甚至做出冲动的事情来，最后害人又害己。做错事的人得到惩罚是应该的，重要的是，在这场伤害与被伤害的事件里，你要学会尽快摆脱阴影，让自己不再成为受害者。在惩罚当事人与自己不再继续受伤二者之间选择，我们要尝试选择后者。放下恩怨，停止抱怨，开始新生活。

有一个人，23岁时被人陷害，在监狱里待了9年后，冤案才得以昭雪。出狱后，他开始了长达一生的反复控诉、咒骂："我在最年轻有为的时候遭受冤屈，在监狱里度过本应最美好的时光。那简直不是人待的地方，狭窄得连转身都困难，窄小的窗户几乎看不到阳光，冬天寒冷难忍，夏天蚊虫叮咬。真不明白上帝为什么不惩罚那个陷害我的家伙，即使将他千刀万剐也难解我心头之恨啊！"

73岁那年，在贫困交加中，他终于卧床不起。弥留之际，牧师来到他的床边："可怜的孩子，去天堂之前，忏悔你在人世间的一切罪恶吧！"即将死去的他依然对往事怀恨在心、耿耿于怀："我没有什么需要忏悔，我需要的是诅咒，诅咒那些施与我不幸命运的人。"

牧师问："你因受冤屈在牢房里待了多少年？"

"9年！"他恶狠狠地将数字告诉牧师。

牧师长长叹了一口气："可怜的人，你真是世界上最不幸的人，对你的不幸我感到万分同情和悲痛。他人囚禁了你9年，而当你走出监狱后，在本应获取永久自由之时，你却用心底的仇恨、抱怨、诅咒囚禁了自己整整41年。"

只为那9年的不幸时光抱怨一辈子，值得吗？很多人都会说不值得，但事情临到我们头上时，可能你也和这个41年都没能走出心灵监狱的人一样。所以，遇到不顺心的事情，遇到自己被别人"陷害"的时候，遇到因为别人的错误连累到你的时候，你要做的，就是以这个人为戒，走出他人带给你的不幸的牢笼。之后，彻底忘记它，重获心灵和生活的自由。

泰戈尔说过："当你为错过太阳而流泪时，你也将错过群星。"何必为追不回来的东西而流泪呢？记住，拿别人的错误来惩罚自己是很愚蠢的，少埋怨别人，多改变自己，把更多的时间放在自我完善上。当我们无法改变别人，但又真的感觉无法接受的时候，那么，选择远远地逃避和不再关注他们，难道不是最好的解决方法吗？不拿别人的错误来惩罚自己，就是珍惜自己的心情和健康，就是给自己更多的机会和幸福。

5.把生命最重要的时刻过好，
不错过当下的美景

从前种种，譬如昨日死；今日种种，譬如今日生。

——《了凡四训》

这句话的意思是说，过去的我已经随着昨天的消失而死去了，今天的我应该像重生的我。言下之意，无论过去发生过什么事，都已经过去了，就当从前那个自己死掉了，重新来过，把今天当成一个全新的自己，好好把握现在。

从前有一个哲学家途经一个荒凉的沙漠时，竟机缘巧合地来到一座废弃的城池，在城池中央，他看到"双面神"石雕。哲学家从来没有见过这样怪异的雕像，便奇怪地问道："你怎么有两副面孔呢？"

双面神说："因为我能看过去，并能预知未来。我的一面就是用来看过去，吸取教训的；另一面就是用来遥望未来，给人们以美好的憧憬。"

哲学家正色道："过去的已经逝去，无法再留住；未来还没有来到，无法为你所拥有。你能看过去、知未来，却唯独忽略了现在。你这个能力对别人有什么好处呢？"

双面神听了哲学家的话掩面哭了，他说："你解开了我心中多年的疑惑。你说得一点儿没错，在很久很久以前，我驻守在这座城里，这里的百姓都非常爱戴我，因为我能够知过去、看未来。但是我唯独忘了把握现在，直到敌人攻进城里，我辉煌的一切就都结束了，被人们抛弃在了这片废墟里。"

过去、现在和未来组成了我们的人生。昨天曾经是你的现在，今天曾是昨天的将来，将来也会成为过去。这是一个连续不断的过程。过去已经过去，无论它是好是坏，对现在来说，已经没有多大的意义。它是美好的也罢，是痛苦的也罢，都不应该对今天的你造成困扰。过去是用来追忆的，现在是用来生活的，未来是用来憧憬的。最重要的，不是昨天，也不是未来，而是现在。然而，现实中的人却往往沉浸于过去、憧憬着未来，唯独忽略了现在。

有人问一个禅师："什么是活在当下？"禅师回答："吃饭就是吃饭，睡觉就是睡觉。这就叫活在当下。"吃饭的时候不想那些还没有解决的纠纷，睡觉时就把一天发生的不快都忘记，睡醒了，再继续面对生活中发生的那些烦恼也不迟。

有一个欠了别人钱的人，每天都睡不好觉，总担心第二天会有人上门催债。这个人的老婆实在看不下去了，于是，就跑到屋顶上喊："我老公欠了你们的钱，他没有钱还！"喊完了，便下来说："你可以好好睡觉了，现在睡不着觉的是别人了！"

当然，"死猪不怕开水烫"的做法不可取，债多不压身，不能赖着别人的钱不还。我虽然欠着别人的钱，但好在我现在还有饭吃，我还没到山穷水尽的地步。所以，我应该在吃饭的时候好好品尝饭的滋味，而不是食不下咽。

我们正在做的事、正在接触的人和正在享受的生活就是当下，我们要做的就是把当下的每一件事处理好。可是，偏偏有太多人总是"生活在别处"。有的人沉浸在过去的幸福里，把现在的生活看成地狱，认为未来毫无希望；有的人则将自己封闭起来，一遍又一遍舔着昨天的伤口；还有人则一遍遍在心里计划着明天，或者为未来担忧。

弘一法师经常吟诵《禅宗无门关》，一首很美的诗偈：

春有百花秋有月，夏有凉风冬有雪；若无闲事挂心头，便是人间好时节。

春夏秋冬都有着无可替代的美，我们既不需要伤春，也不需要悲秋。春天来的时候，我们就欣赏百花；夏天的时候，我们就体味凉风带给我们的那一刹那的清凉；秋天的时候赏月；冬天的时候赏雪。而有的人，看见春花落下就落泪，看见炎炎烈日就想秋天的凉爽，苦于冬天的寒冷就希望春天赶快来临。结果，他哪一天也没有过好。

有一个人在日子苦时，天天吃的是咸菜稀粥，因此他希望将来天天都有大餐可以吃。每当这样希望时，就会觉得碗里的咸菜难以下咽。过了几年，他的愿望实现了，可是没过多久，他却厌烦了每天大鱼大肉的应酬生活，又开始怀念起过去安安心心地在家里吃咸菜的日子。后来，他放下生意，又重新过起了每天咸菜淡粥的生活。

有时候，美好只存在于我们的想象之中，直到我们千辛万苦终于达成了自己的愿望，才发现，这样的生活根本不适合自己。可惜，过去的人、过去的生活，已经不可能重来。而我们因为错过了享受当下，追悔已经来不及了。

　　我们只有珍惜每一天的生活，用心地来爱这个世界、爱这个世界上的一人一物，才能够在平常的日子里找到生活的意义。生活中的每一天才会是美好的、幸福的。

　　生活中并不缺少美，只是我们没有用心去发现而已。从平平淡淡的生活里，发现很多关于生命本身存在的美丽，那么人间无不是好时节！

6. 顺其自然，便能万事遂心

他今年59岁，再过几天就60岁了。去年在上海离别时，曾对我说："后年我60岁，如果有缘，当重来江浙，顺便到白马湖晚晴山房去小住一回，且看吧。"他的话原是毫不执着的。凡事随缘，要看"缘"的有无，但我总希望有这个"缘"。

——夏丏尊

我们常说随缘，随缘就是顺其自然，顺其自然就是不强求。人生不如意事十有八九，人生万事，岂能样样都遂愿？人的出身不同、经历不同，成败境遇自然千差万别。许多事都不是人力所能控制的。与其强求改变，倒不如让一切顺其自然，坦然面对现实。

药山禅师的弟子云散、醒吾于郊外打坐参禅。山上有一绿一枯两棵松树，药山禅师便问："荣的好呢，还是枯的好？"

醒吾回答说："荣的好！"

云散回答说："枯的好！"

此时正好来了一位沙弥，药山就问他："树是荣的好呢，还是枯的好？"

沙弥说："荣的任它荣，枯的任它枯。"

药山颔首，两位弟子也沉吟良久，有所悟道。

荣也好，枯也好；穷也好，富也好；成也好，败也好；生也好，死也好；苦也好，乐也好，都不应该改变人生的心境，我们不应该随着境遇的好坏而悲喜。这就是佛家说的"缘由心生，随遇而安，身无挂碍，一切随缘"吧！

炎热的夏天，寺院门前的草地枯了一片。小和尚急忙去报告师父："师父，草都枯了，快撒点儿草籽吧！"

"等天凉了再说。"师父挥挥手说，"随时。"

中秋，师父交给小和尚一包草籽，让他撒到草地上。草籽很轻，风一吹，扬得到处都是。小和尚急忙去追赶，可是草籽落到泥土里，再也分不出哪些是草籽，哪些是土粒。小和尚喊道："师父，不得了，草籽都被风吹走了。"

师父说："无妨。被风吹起来的，是空籽。随性。"

撒完种子，几只小鸟来啄食。小和尚急忙去赶鸟，可是，他一转身，鸟儿又落下来。小和尚喊道："师父，大事不好了，种子被鸟吃掉了。"

师父笑笑说："没关系，这么多种子呢！小鸟吃不完。随遇。"

半夜下起了暴雨，好多草籽都被雨水冲走了。小和尚说："师父，这下可彻底完了。"

师父说："冲到哪儿，就在哪里发芽。随缘。"

过了几天，草籽果然发芽了，草地上长满密密的小草，一些原来没播种的角落，也泛出绿意。小和尚高兴得直拍手，师父点头说："随喜。"

佛说："随缘自在，随喜而作。若能一切随他去，便是世间自在人。"怀一颗平常心，看淡世事纷扰，随缘任运，高低随意，悠然自得，"兀然无事坐，春来草自青"，人生便没有什么可以挂怀的了。

顺其自然，是对生活的一种坦然，是人生的一种睿智；顺其自然，是让我们随时随地摆脱金钱、权势、成败等一切羁绊，尽情地享受生命中的每一寸阳光。

洪水淹没了山下的村庄。心怀慈悲的住持让小和尚拿着寺里的粮食去救济灾民，小和尚回来后，说起了自己在山下的一则见闻。原来洪水不但冲塌了不少房屋，还淹死了不少村民。一个村民从洪水中救起了他的妻子，却只能眼睁睁地看着自己的儿子被洪水冲走。

众僧人听罢，对此议论纷纷。有人说这个男人做得对，因为孩子可以再生一个，妻子却不能死而复生。有人说村民错了，因为妻子可以再娶，亲生儿子不能死而复生。

他们的争论被住持听见了，住持笑了笑，让小和尚再次下山，问问这个村民当时是怎么想的。小和尚找到了村民。回想起这件事，村民痛不欲生地说，当时洪水袭来，妻子就在身边，他抓起妻子就往陆地上游。待返回时，孩子已被洪水冲走了。

小和尚将村民的话原封不动地告诉住持，住持对众僧说："洪水袭来，这个村民不过是做了一个最自然的决定，哪个离自己最近，就救哪个。如果他在救人之前进行一番对错的分析，别说孩子，就连妻子也早被洪水卷走了。除了顺其自然，没有更好的选择。"

人生没什么不可放下：弘一法师的人生智慧

没有选择的选择，便是顺其自然的选择。人生中有许多东西，比如，出身、性别、身材、容貌等，都是我们无法选择的，也是无法改变的。对此，我们只能坦然接受。

哈德在一家办公大楼里遇到一个缺了右臂的男人。空荡荡的袖管吸引了哈德的目光，他很不礼貌地盯着这个男人看。但这个男人却对此毫不在意，他大声地同伙伴聊天，笑声爽朗。在走出电梯时，哈德终于忍不住问他："你会因为缺了一只手臂而烦恼吗？"

"哈！"男人把那只残肢抬起来，在哈德的面前晃了晃说："不会的，我根本就没有意识到它，只有在穿针的时候我才会想到这件事！"

人难免遇到不如意的事情，如果不管怎么努力，结果都不会有所改变，那么，不如坦然接受它。与其让它折磨我们的心灵，令我们痛苦不堪，还不如抱着顺其自然的心态，平静地接受。

南北朝时期的北魏，有一位名叫罗结的大将军，是个罕见的长寿者，享年120岁。在谈到长寿秘诀时，他说："饮食有节，起居有常，作息有时，清心寡欲，少说多做，无忧无虑。"据说，他107岁那年，太武帝还任命他为兵马大元帅。这时的罗结仍然身强力壮、耳聪目明、思路敏捷、精爽不衰。他的养生之道便是四个字：顺其自然。

人生在世，穷也好，富也好；得也好，失也好，都不过是人生的一个瞬间、一种状态。比如贫富这种事，根本不会对我们的人生造成过多的影响。你不会因为有钱或没钱就变成另一个自己，也不会因为失去一份工作就变成另一个人，也不会因为犯了某个错误就变成另一个人。只要保持本心不变，那么，人生的那些得失、苦恼，都不会影响你。淡定的人往往都抱着顺其自然的心境，不为外物所扰，相信人生的每一天都是美好的。对已经拥有的，就要好好珍惜，失去的，也不要勉强挽留；想要得到，就去努力得到它，选择了就不要后悔；忙碌的时候就忙碌，累了就休息。凡事不必在意，更不必强求，随缘自在，人生自然快意放达！

辑五

修好这颗心，人生更从容

1. 扫地亦是修行

佛告诸比丘，凡扫地者，有五胜利：一者自心清净，二者令他心清净，三者诸天欢喜，四者植端正业，五者命终之后当生天上。

——弘一法师《常随佛学》

人生没什么不可放下：弘一法师的人生智慧

"扫地扫地扫心地，心地不扫空扫地。人人都把心地扫，世上无处不净地。"在佛教中，打扫是最好的修持方法。据说以前佛祖座下有个弟子叫周利盘陀伽，天性愚笨，教什么都学不会。"忆持如来一句伽陀，于一百日，得前遗后，得后遗前"，佛祖教周利盘陀伽一句偈，教了一百天，他都没能把这偈语记下来，往往记住了前面一句，后面便忘记了；后面一句学会了，前面又忘记了。实在没招了，佛祖便递给周利盘陀伽一把扫帚说："你记不住四句偈，那就记住扫帚两个字好了。"周利盘陀伽就按照佛祖的要求每天扫地，最后把所有的业障烦恼都扫干净了，修成了阿罗汉。

在一般人看来，像扫地、打扫厕所这些工作，是一种低贱的工作，怎么可能帮助人修成正果呢？其实，扫地是修行的一种方法。佛家认为，扫地的功用有以下几点：

一是降伏贡高我慢心。人都有贡高我慢心，觉得"我"是很了不起的、高人一等的，这种心态其实就是消除烦恼的最大障碍。一个人若能快乐、自在地做一般人认为下贱的工作，也就是降伏了贡高我慢心。

二是干净可以使人的心安定下来。把家里或工作环境打扫得窗明几净，不仅自己的心能感到清净，也会让经过者或使用者的心清净。心一清净，自然就定下来了。

三是扫掉心里的垃圾。我们的心里有很多垃圾，如贪心、嗔心、慢心、疑心……心里面的垃圾多了、烦恼多了，人也就整天糊里糊涂的。而心地的垃圾扫干净了，心地就清净了。若达到佛经中所说的"寂无所寂"，才算是清净到家。

民国年间，河南新郑县城内，有一座名为"白塔寺"的小寺院。寺内有一个海清和尚，平日里不言不语，每日除了虔心礼佛，就是不分春夏秋冬，天刚一放亮就起床，从寺院的山门开始扫起，直到将县城内的一条东西街道清扫完毕。一边扫，口中还一边念念有词，也不知道他在念什么。有好事者留意倾听后，才听清老和尚每天念的，就只一句话："扫地扫地扫心地。"

这个人便好奇地上前去打听："你扫地便扫地，又说什么扫心地？"

老和尚没有搭理他，一边念一边扫地。那人就越加好奇，一遍遍地跟着老和尚问。

老和尚便反问他："你真想知道？"

那人说："想。"

老和尚便说："你想知道答案，就跟我一起扫地，一年后我便告诉你。"那人笑了笑，笑过之后就走了。

海清老和尚就这样不分寒暑，风雪无阻，一扫就是几十年。后来，城内驻军换防，来接替防务的是一位韦姓的上校团长。有一天，守兵向韦团长报告说，有一个白塔寺的老和尚，一大早就在东西大街上扫地，守兵禁止，他自称已经扫几十年了，请长官不要干涉出家人的修行。韦团长听后感到奇怪，自古和尚修行都在寺院内念经，从来没听说扫地也是修行。韦团长换了便服去寺院里探访。

寺院的方丈告诉他说："海清法师是我的师父，在他还是方丈时，就开始每天这样打扫了，几十年风雨无阻，从没有间断过。我们做弟子的想接替他老人家，他不许，说每个人的修行是每个人的，岂可替代？我们也就只好依着他了。"韦团长提出想拜见一下老和尚，方丈摇头："师父有吩咐的，这几日不见外人，施主请回吧！"

韦团长见不到老和尚，便藏了个心眼儿。第二天起了个大早，站在街边等着老和尚出来扫地。不久，果然看到一个穿僧衣的身影，从寺院山门起，挥着扫帚慢慢沿街扫了过来。边扫口中边念那句几十年不变的"扫地扫地扫心地"。韦团长听了，心中不觉一动。

韦团长便命令部下："凡我部官兵，今后见老和尚扫街时，都要恭敬行礼！"

不久，城内驻军集体皈依佛门，成为海清法师的弟子。在皈依仪式上，海清法师说："我只是一个扫地的和尚。世界充满尘垢，道路充满尘垢，人心里面更是充满了尘垢。所以我要扫，不停地扫。你们做我的弟子，也要跟我一起扫啊！"

通俗一点讲，扫地的同时，就是在扫心地，清洁外界环境的同时，也在清洁人内心的灰尘。心地的垃圾扫干净了，心地就清净了。"怎么扫呢？""用惭愧、忏悔、返照、觉察、观照，念念分明、念念作主、念念觉察、念念觉照，这样，就能把心中的灰尘扫掉了。"这是佛陀告诉周利盘陀伽的方法。"扫帚的意义就是除去尘垢"，心中的尘垢除尽，智慧也就开了。所以，我们平时可以多观照自己的内心，时时反省自己，把那些污染我们心灵的各种垃圾和灰尘都清理掉。

辑五 修好这颗心，人生更从容

2. 学会自省，清扫内心尘埃

以恕己之心恕人则全交；以责人之心责己则寡过；静坐常思己过，闲谈莫论人非；临事须替别人想，论人先将自己思。

——弘一法师《格言别录》

一个叫元持的僧人在无德禅师座下参学多年，非常用功，但始终没有什么长进。

有一天，在晚参的时候，元持特意向无德禅师请示："大师，弟子遁入空门多年了，可是对一切仍然懵懂不知，空受信施供养，请大师以慈悲为怀，告诉弟子，每天在修持、作务之外，还有什么是必修的课程？"

无德禅师回答道："你最好看管好你的两只鹜、两只鹿、两只鹰，约束口中一条虫，并且时刻和一只熊斗争，除此之外，还要看护好一个病人。如果你能做到这一切并善尽职责，相信对你会有很大的帮助。"

元持迷惑地问道："大师，弟子来此参佛，身边并没有带什么鹜、鹿、鹰之类的动物，又怎么去看管呢？再说了，我想了解的是与参学有关的东西，和这些动物有什么关系呢？"

无德禅师笑了笑说："我所说的两只鹭，就是你的眼睛，要你看管好它们即是让你做到非礼勿视；两只鹿，是指你的双脚，你要把持好，做到非礼勿行，别让它们走罪恶的道路；两只鹰，指的是你的双手，要让它们能够尽到自己的责任，非礼勿动；一条虫则是指你的舌头，约束它做到非礼勿言；那只熊是你的心，你要克制它的自私，非礼勿想；而病人，就是指你的身体，希望你不要让它陷于罪恶。"

听了无德禅师的教诲之后，元持默默地点了点头，似有所悟。

无德禅师的意思很明了，人应该严格控制自己的私欲，不想、不说、不做有损于德行的事和话，对普通人来说，就是常常做到自省。自省的方式有很多，可以通过静思的方式，和自己的心灵对话，省察自己行为上的过失。那么，弘一法师是通过哪些方式来反省的呢？弘一法师在一次演讲中说道：

　　我常自己来想，啊！我是一个禽兽吗？好像不是，因为我还是一个人身。我的天良丧尽了吗？好像还没有，因为我尚有一线天良常常想念自己的过失。我从小孩子起一直到现在都埋头造恶吗？好像也不是，因为我小孩子的时候，常行袁了凡的功过格；30岁以后，很注意修养；初出家时，也不是没有道心。虽然如此，但出家以后一直到现在，便大不同了：因为出家以后20年之中，一天比一天堕落，身体虽然不是禽兽，而心则与禽兽差不多；天良虽然没有完全丧尽，但是昏聩糊涂，一天比一天厉害，抑或与天良丧尽也差不多了。讲到埋头造恶的一句话，我自从出家以后，恶念一天比一天增加，善念一天比一天退失，一直到现在，可以说是醇乎其醇的一个埋头造恶的人，这个也无须客气也无须谦让了。

…………

可是到了今年，比去年更不像样子了；自从正月二十到泉州，这两个月之中，弄得不知所云。不只我自己看不过去，就是我的朋友也说我以前如闲云野鹤，独往独来，随意栖止，何以近来竟大改常度，到处演讲，常常见客，时时宴会，简直变成一个"应酬的和尚"了。这是我的朋友所讲的。啊！"应酬的和尚"，这五个字，我想我自己近来倒很有几分相像。

如是在泉州住了两个月以后，又到惠安，到厦门，到漳州，都是继续前愆；除了利养，还是名闻；除了名闻，还是利养。日常生活，总不在名闻利养之后。虽在瑞竹岩住了两个月，稍少闲静，但是不久，又到祈保亭冒充善知识，受了许多的善男信女的礼拜供养，可以说是惭愧已极了。

9月又到安海，住了一个月，十分的热闹。近来再到泉州，虽然时常起一种恐惧厌离的心，但是仍不免向这一条名闻利养的路上前进。可是，近来也有一件可庆幸的事，因为我近来得到永春15岁小孩子的一封信。他劝我以后不可常常宴会，要养静用功；信中又说起他近来的生活，如吟诗、赏月、看花、静坐等，洋洋千言的一封信。啊！他是一个15岁的小孩子，竟有如此高尚的思想，正当的见解；我看到他这一封信，真是惭愧万分了。我自从得到他的信以后，就以十分坚决的心，谢绝宴会；虽然得罪了别人，也不管他。这个也可算是近来一件可庆幸的事了。

弘一法师出家后，过着闲云野鹤、淡泊名利的生活，有一段时间居住于泉州，却突然忙于演讲和应酬，写了许多字，甚至会了几次客，赴了几次斋……报上披露了这些不寻常的新闻，各方都为法师肯广结法缘，感到无限欢欣。然而，就在这时，弘一法师收到了一位小友——15岁的李芳远一封洋洋千言的长信，列举报载有关弘一法师近来的情形。信的末了说，弘一法师变成一个"应酬的和尚"了，劝请弘一法师闭门静修。弘一法师看后大为感动，立即复信表示："即当遵命闭门静修，摒弃一切……"并于泉州承天寺佛教养正院同学会席上表示忏悔。

不久，他就从泉州乘坐溪船溯流直上永春，亲自到童子的故乡蓬壶致意，然后遁居蓬山普济寺精舍静修。题其室曰："十利律院"，又在门上写着"闭门思过，依教观心"八个字，掩关572天。这是法师入闽十余年来居住最久的地方。其间，所有酬醉，他尽皆决绝。就是师友信函，也都原璧封存，而专修南山律部。

法师的这种勇敢"自省"的精神不是一般人能做到的。我们常人，别说自省，就是明知道自己错了，还要嘴硬。更何况这样在公开的场合剖析自己、反省自己。

弘一法师在著名的演讲稿《改过实验谈》中告诉我们该如何自省：

"改过自新"四字范围太广，若欲演讲，不知从何说起。今且就余五十年来修省改过所实验者，略举数端为诸君言之。……总论者即是说明改过之次第：

学　须先多读佛书儒书，详知善恶之区别及改过迁善之法。倘因佛儒诸书浩如烟海，无力遍读，而亦难于了解者，可以先读格言联璧一部。余自儿时，即读此书。归信佛法以后，亦常常翻阅，甚觉其亲切而有味也。此书佛学书局有排印本甚精。

省　既已学矣，即须常常自己省察，所有一言一动，为善欤，为恶欤？若为恶者，即当痛改。除时时注意改过之外，又于每日临睡时，再将一日所行之事，详细思之。能每日写录日记，尤善。

改　省察以后，若知是过，即力改之。诸君应知改过之事，乃是十分光明磊落，足以表示伟大之人格。故子贡云："君子之过也，如日月之食焉；过也人皆见之，更也人皆仰之。"又古人云："过而能知，可以谓明。知而能改，可以即圣。"诸君可不勉乎！

别示者，即是分别说明余五十年来改过迁善之事。但其事甚多，不可胜举。今且举十条为常人所不甚注意者，先与诸君言之。华严经中皆用十之数目，乃是用十以表示无尽之意。

今余说改过之事，仅举十条，亦尔；正以示余之过失甚多，实无尽也。此次讲说时间甚短，每条之中仅略明大意，未能详言，若欲知者，且俟他日面谈耳。且有下述内容，殊略说之：

虚心　常人不解善恶，不畏因果，绝不承认自己有过，更何论改？但古圣贤则不然。今举数例：孔子曰："五十以学易，可以无大过矣。"又曰："闻义不能徙，不善不能改，是吾忧也。"蘧伯玉为当时之贤人，彼使人于孔子。孔子与之坐而问焉，曰："夫子何为？"对曰："夫子欲寡其过而未能也。"圣贤尚如此虚心，我等可以贡高自满乎！

慎独　吾等凡有所作所为，起念动心，佛菩萨乃至诸鬼神等，无不尽知尽见。若时时作如是想，自不敢胡作非为。曾子曰："十目所视，十手所指，其严乎！"又引诗云："战战兢兢，如临深渊，如履薄冰。"此数语为余所常常忆念不忘者也。

宽厚　造物所忌，曰刻曰巧。圣贤处事，惟宽惟厚。古训甚多，今不详录。

吃亏　古人云："我不识何等为君子，但看每事肯吃亏的便是。我不识何等为小人，但看每事好便宜的便是。"古时有贤人某临终，子孙请遗训，贤人曰："无他言，尔等只要学吃亏。"

寡言　此事最为紧要。孔子云："驷不及舌"，可畏哉！古训甚多，今不详录。

不说人过　古人云："时时检点自己且不暇，岂有工夫检点他人。"孔子亦云："躬自厚而薄责于人。"以上数语，余常不敢忘。

不文己过　子夏曰："小人之过也必文。"我众须知文过乃是最可耻之事。

不覆己过　我等倘有得罪他人之处，即须发大惭愧，生大恐惧。发露陈谢，忏悔前愆。万不可顾惜体面，隐忍不言，自诳自欺。

闻谤不辩　古人云："何以息谤？曰：无辩。"又云："吃得小亏，则不至于吃大亏。"余三十年来屡次经验，深信此数语真实不虚。

不嗔　嗔习最不易除。古贤云："二十年治一怒字，尚未消磨得尽。"但我等亦不可不尽力对治也。华严经云："一念嗔心，能开百万障门。"可不畏哉！

因限于时间，以上所言者殊略，但亦可知改过之大意。最后，余尚有数言，愿为诸君陈者：改过之事，言之似易，行之甚难。故有屡改而屡犯，自己未能强作主宰者，实由无始宿业所致也。

法师所提出的"改过十训"，值得我们反复咀嚼、时时观照，如此，才能成为一个真正有修养的人。

3.静坐常思己过，闲谈莫论人非

古人云："时时检点自己且不暇，岂有工夫检点他人？"孔子亦云："躬自厚而薄责于人。"

——弘一法师《改过实验谈》

"静坐常思己过，闲谈莫论人非"，这是古人修身的名言，告诫人们要常怀自省之心，检讨自己的过失，闲谈之时，不要谈论他人是非。

弘一法师认为，静察己过是分内之事，而不论人非却是一个人品德的试金石。

尤其是在现代社会，所谓的"静察己过，勿论人非"应成为我们必备的一种品质。宽恕自己是常有的事情，而且借口十足；也有能够宽恕别人的心，但是需要时日。

道心和尚和无知和尚都在净念禅师门下修行佛法。净念禅师经常出去应酬，陪有钱有势的人吃饭，到处笼络财主，要人出资修建寺庙。并且吩咐道心和尚和无知和尚四处化缘，吸纳兴建寺庙的经费。

道心和尚心中对净念禅师非常不满，认为他有失出家人的德行，于是在寺中四处说净念禅师的是非，怂恿众人将净念禅师从住持的位子上赶下去。无知和尚却从无半点怨言，每日出去化缘苦度，动员富人捐款出资；寺庙修建之时，无知和尚也在一旁监工，不敢怠慢。道心于是称无知为"元宝和尚"。

然而三年之后，寺中修建的屋宇尽数盖好，接纳了许多因为水灾而寄宿的灾民。净念禅师也每日焚香讲课，开导灾民，分文不收，道心这才明白自己误会了净念禅师的本意，羞愧之下离寺修行。而无知和尚后来继承了净念禅师的衣钵。

无论是修行者还是普通人，都应当时时反省，不要随便妄言。要知道妄言妄行，不但有损他人，同样是在耽误自己的宝贵时间，打扰自己的修行和成功。即便你是万事通，也不要讲别人的八卦，因为很多话经人一传都会变质。

现代人在一起，好议论别人的私人生活，发一发自己对社会的牢骚。未见得大家都有什么恶意，但也绝非善意的表现。不论男女老幼，都喜欢在茶余饭后聊天、八卦，其中不外乎家长里短。有科学家研究表明，背后说他人闲话是人类的一种重要需求，排在吃饭、喝水之后，性欲之前。多数时候，我们在议论人非时，并没有主观恶意，大多只是一种心理转移，甚至有时候，我们会觉得，自己心里有话，不说出来实在难受。不过，结果却是很多时候造成了一些不必要的矛盾，这完全是没有必要的。在《王阳明全书》里面有这样一段记载：

有一个名叫杨茂的人，既聋又哑，阳明先生不懂得手语，只好跟他用笔谈。

问："你的耳朵能听到是非吗？"

答："不能，因为我是个聋子。"

问："你的嘴巴能够讲是非吗？"

答："不能，因为我是个哑巴。"

又问："那你的心知道是非吗？"

只见杨茂高兴得不得了，指天画地地回答："能、能、能。"

于是阳明先生就对他说："你的耳朵不能听是非，省了多少闲是非；口不能说是非，又省了多少闲是非；你的心知道是非就够了。"

所谓"人言可畏"，你的一句是非就可能给他人造成很大的困扰，而你所传的小道消息也未必可靠，有些人却偏偏喜欢打听和传播小道消息，这样的传播是非者更加让人厌恶。即使你所见所听皆为事实，也最好把它们烂在肚子里。对方可能做得不地道，但传播这种是非的人，则更加用心险恶。

一个人讲话，若总是不离他人隐私，且所说的内容总能让你时时惊讶。这样的人，离他远点儿，否则，下一个被出卖的，就是你。不要一头扎进是非堆，也不要扎堆讲是非。虽然你也许觉得"讲是非"是最容易让对方敞开嘴巴的办法，但是，是非讲得太多，心就会变得浑浊。人心只有一拳大，别把它想得太大。盛下了是非，就盛不下正事。

首先，最好干脆就不说。一定要说的话，要做到话出有据、事出有因，千万不能捕风捉影，随意推断。其次，不参与风传谣言。做人要学会与人为善，多考虑一下自己的言行是否会给别人带来不必要的麻烦，试着从别人的角度来考虑问题。很多时候，面对谣言要保持沉默，多看些书，少说些闲话，避免祸从口出。

俗话说："宁在人前骂人，不在人后说人。"别人有缺点和不足之处，你可以当面指出，令他改正，但千万不可当面不说，而背后则说个没完。我们应该时刻谨记不要总是将注意力放在别人身上，而应时刻反省自己，做个堂堂正正的人。

4. 慎独，不自欺

心不妄念，身不妄动，口不妄言，君子所以存诚。内不欺
己，外不欺人，上不欺天，君子所以慎独。群居，守口；独处，防心。

——弘一法师《格言别录》

　　弘一法师很推崇古代贤者、圣人所传下来的慎独功夫，在自己的著作中，曾多处强调慎独的重要性。"群居，守口；独处，防心"，与人在一起的时候，守住自己的嘴巴；在自己独处的时候，要守住自己的心。

　　一位哲人曾说："即使你独自一个人时，也不要做坏事，而要学得比在别人面前更知耻。"宋朝陆九渊也说："慎独，即不自欺。"意思是说，慎独就是不自欺欺人。慎独是一种严格的自律精神，能够做到慎独的人，就可以认定他的修养已经达到了相当高的程度。

　　修养是一个面对真实自我的过程，不是为了做给别人看的，所以，不能做表面功夫。我们常用"真君子"和"伪君子"来评价某个人，其区别就是能否做到"慎独"。在别人面前，一本正经，道貌岸然，暗地里却是个十足的小人。《大学》中是这样说"慎独"

的："小人闲居为不善，无所不至。见君子而后厌然，掩其不善，而著其善。人之视己，如见其肺肝然，则何益矣。"在别人面前一副伪善的面目，别人或许不知道你的真实面目，不知道你到底都干了些什么勾当，只有你自己知道自己是什么人。当然，并不是说，我们在背地里做了"见不得人"的事，就说明我们是个彻头彻尾的伪君子，只是，人在没有约束的环境里，比较容易放松对自己的要求罢了。所以，要成为一个真正有修养的人，就要警惕在独处的时候也要严格要求自己。

有的人很想成为一个真正的君子，成为一个有修养的人，只是，这需要很大的毅力去抵抗那些诱惑，这确实是一个非常艰难的过程。比如，一个下决心要减肥的人，看到自己最喜欢吃的红烧肉，就想：我就吃一次，吃一次应该不会对减肥有什么影响。可惜，有一就有二，我们总是安慰自己说，不差这一口肉。所以，我们看到，胖子越来越多，减肥成功的人越来越少。这并不能说这个人不想减肥，只是他经不起美食的诱惑而已。如果一个人真的想减肥成功，就要做到无论什么时候都不要吃高脂肪的食物。

有一个记者问一个身材保持得很好的女演员："你最喜欢吃什么？"女演员说："我最喜欢吃冰淇淋。"记者很奇怪，要保持这么好的身材，冰淇淋可是大忌。于是，记者问："你一周吃几次冰淇淋？"女演员说："我已经20年没有尝到冰淇淋的味道了。"

我们一定觉得这个女演员为了保持身材这么虐待自己不值得，但人生就是这样，你要得到一样东西就要放弃另一样东西。如果这个女演员破了一次戒，那么，就有可能收不住，从一个月吃一次到一周吃一次，甚至每天吃一次。有的人修行败坏，就是这样一次次放松对自己的要求才导致的。要修行，就要时时警惕自己的内心，一刻也不能放松。只要你自己认为不应该做的事，就一次也不要去做。

"独处防心"是修炼自己"慎独"功夫的关键。正是因为心不设防，蠢蠢欲动，才会萌生邪念、杂念，从而做出有违自己原则的事来，所以才要防心。

湖边坐着一对来钓鱼的母子，按照规定，两小时之后，这里才能钓鱼，但是他们来早了。母亲帮孩子把鱼饵放好，让孩子先坐在湖边等。但孩子等不及，就把钓竿放了下去。运气出奇好，鱼线动了，孩子赶紧往上拉，一条大鲤鱼被钓了上来。孩子高兴得手舞足蹈。这时，母亲却走过来说："我们应该把鱼放了，因为现在还不到钓鱼的时间。"

孩子很不乐意，他大声抗议："不，这样的大鲤鱼很难钓到的，更何况现在这里又没有人，不会有人知道的。"

母亲说："湖边没有眼睛，但是我们的心里有。"

曾国藩说："慎独则心安。自修之道，莫难于养心，养心之难，又在慎独。能慎独，则内省不疚，可以对天地、质鬼神。"背地里做坏事，你不说，别人可能永远都不知道，但你自己会知道，但凡有良知的人，都会因此而感到良心难安。所以，人要做到心安，就要学会"慎独"，只有这样，才能无愧于天地，无愧于自己的心。

东汉时期的太尉杨震，为官清廉，不谋私利，在道德上堪称楷模。有一次，杨震由荆州刺史调任东莱太守，在赴任的路上，经过昌邑，遇到了他在荆州刺史任上曾经举荐过的官员王密，王密现任昌邑县令。王密为了报答杨震的知遇之恩，特地准备了十两黄金于白天去拜见，被杨震退了回来。王密以为杨震是白天不好收，于是到了晚上无人的时候，又一次去拜访杨震。

杨震见他又来送钱，对他说："我和你是故交，关系比较密切，我很了解你的为人，而你却不了解我的为人。"王密说："现在深夜无人知道。"杨震说："天知、地知、我知、你知，怎能说无人知道呢？"王密羞愧地离去。

这就是杨震"暮夜却金"的事，后人因此称杨震为"四知先生"。

"慎独"应该是一种内在的要求，人们只有把道德变成自己内心的一种要求，才能够真正实践"慎独"。我们"慎独"不是为了别人，而是为了自己，此时我们面对的是自己赤裸裸的灵魂，弘一法师在《改过实验谈》一文中说："吾等凡有所作所为，起念动心，佛菩萨乃至诸鬼神等，无不尽知尽见。……此数语为余所常常忆念不忘者也。"是的，无论何时，都要小心谨慎、以此为戒，做一个值得别人和自己尊敬的人。

5. 心安即是福

希望我的品行道德，一天高尚一天；希望能够改过迁善，做一个好人，又因为我想做一个好人，同时我也希望诸位都做好人！

——弘一法师《南闽十年之梦影》

辑五 修好这颗心，人生更从容

弘一法师时刻不忘自省，也提醒众生时刻进行自我约束、自我管理，不要丢掉自己的善心和良知。

法师在《南闽十年之梦影》里讲到"出家人何以不是人"时指出："我们都得自己反省一下"，并说"我近来省察自己，觉得自己越弄越不像了"！所以，"希望我的品行道德，一天高尚一天；希望能够改过迁善，做一个好人"。好人就是一天比一天更好的人。他还称自己是"二一老人"，取古诗"一事无成人渐老"和清初吴梅村临终绝命词"一钱不值何消说"之意。"每每想到二一老人这个名字，觉得很有意味！""也可以算是我在闽南居住了十年的一个最好的纪念！"

法师的弟子回忆说：

"另一件事，我们亦可以看出弘一法师的崇高人品。有一次大师告诉我，要我帮他买几支笔。我去书店走一趟，看来看去都不满意，就回来告诉他，请他亲自去走一趟。而且那老板知道是弘一法师要笔，就和我说请他来一趟，如果他看中了，便把笔送给他。大师听到如此，连口说不行不行。他说我们一定要用钱和他买。后来，大师去到书店，老板真的要将笔送他，他却坚持不要。过后，他还告诉我，出家人买东西不好和人家讲价。但我自己向来买东西都和人家讲价的。听了他的话，我也不敢多加辩护，尊重他的意思，不再和人讲价。不过心里却相当难过。因为泉州人的习惯，一定要和人家讨价还价的。"

对善良的人来说，最难面对的就是自己的良心。只要我们在做错事后，还能够感到不安，这就是好事。但这并不等于说我们以后就不会再犯错，它需要我们以极大的勇气和道德的力量去面对自己的内心。一个人做错事，最大的受害者不是别人，而是他自己，因为他自己要接受良心的谴责。

古希腊哲学家苏格拉底曾说过："我从年轻时就开始有一种特别的现象，每当我要去做一件不该做的事情时，内心都会出现一个声音叫我不要做。"苏格拉底所说的内心的声音就是良知。我们常说："做了这件事，我会良心不安的。"因为自知会良心不安，所以我们才不会去随便作恶。

王阳明是我国明代的心学大师。一天半夜，他的一个弟子捉到一个小偷，看着小偷正当壮年，不缺胳膊不少腿的，也不是个大奸大恶之徒，如果送交官府肯定要法办，关上三年五载的，这个弟子有些不忍，便说："你说你一个大活人，干点什么不好呢？出来偷东西，你不觉得良心难安吗？"谁知，小偷却嬉皮笑脸地问道：

"你能告诉我，我的良知在哪里吗？"时值盛夏，虽然半夜了，天气还是很热，这个弟子便笑着说："我可以放你走，不过也不能白白放过你啊。看你身上也没什么值钱东西，也就这一身衣服还值点钱了。你就留下你的衣服，走人吧。"王阳明的弟子让小偷先脱掉外衣，接着又让他脱掉内衣。小偷很不情愿地脱掉了。当让他脱掉裤子时，小偷抓住自己的裤腰说："这恐怕不太好吧！"

王阳明的弟子笑着说："你怎么说不知道自己的良知在哪里呀？良知不就在这里吗？"他指指小偷的裤子。

《法华经》有言："健康是最大的利益，满足是最好的财产，信赖是最佳的缘分，心安却是最大的幸福。"俗话说：不做亏心事，不怕鬼叫门。人遇到了挫折和磨难，虽然也会有痛苦和挣扎，但是只要熬过去了，就不会再难过。可是，如果是自己的良心在受着谴责，那么即使再努力、再挣扎，也没有办法逃避痛苦。遮掩，或许可以逃过别人的眼睛，甚至逃过法律的制裁，但是唯一逃不过的是自己心灵的谴责。

在一次海难中，有一位船员侥幸生存，而其他船员集体遇难。大家都以为他也已经死亡，船主按法律的规定，给每位遇难者的家属一笔不菲的经济补偿。

作为唯一的幸存者，他死里逃生、几经磨难，当他在回家的途中听说在这次事故中，每位遇难者的家属可以得到十几万元的赔偿费后，立刻打消了回家的念头。因为他一回去，家人就得不到这笔钱。而这些钱，如果让他去赚，至少需要20年。

思考再三，他开始了流浪生涯。然而，他的心始终无法安宁，他夜夜失眠，想念妻子儿子，承受着良知的煎熬。终于，他感到无法承受心灵的煎熬，他回家了，回到了亲人的怀抱。为此，亲人们没能得到那十几万元的赔偿，但他，心里安宁了。

尽管他选择了远离，但还是无法躲开心债。十几万元的财富，也买不到自己内心的安宁。其实，有时候想想，人们的心灵还真是奇怪，越是没有人知道，就越是会自己提醒自己。所以，在事情发生的时候，越是想要掩藏，就越会受到内心的折磨。所以，不如索性公开，不如索性让自己受到惩罚，反而可以心安。

巴金先生说："良心的责备比什么都痛苦。"当我们欺骗别人的时候，最让人觉得可怕的，不是别人对我们的惩罚和报复，而是我们自己内心的不安。背负着心债过日子，其中的痛苦滋味可想而知。所以，在生活中，我们要尽量避免欺骗他人，否则我们将会永远受到自己内心的惩罚，让自己的内心永远都得不到安宁。在我们的生活中，只有光明磊落，上不愧于天，下不怍于地，人生才是真正的洒脱，我们才能获得幸福。

做错了事，心感到不安，是因为我们原本就是善良的人，但我们都不是圣人，犯错是难免的，受到诱惑也是难免的。然而，这毕竟不能成为我们做错事的借口，做错了，就要去承认，就要去改正。改正了，我们的心也就安宁了。

真正的君子即使是在没有一个人的荒野也绝不会做违背良知的事。但如果他认为某件事值得自己去做时，即使顶着再大的压力也会去做，正所谓"问心无愧"。

有一个男人看隔壁的女人带着孩子过日子不容易，经常帮她干点活。比如，挑水的时候顺便给她捎上一担，家里需要搬什么重物，他看见了就主动上前帮忙。时间一长，村里的人都说这男人和女人关系暧昧。男人的老婆为了这件事和他大吵大闹，还把他的脸挠破了。第二天早上，人们看见男人脸上带着伤赶着马车去赶集，隔壁的女人和孩子艰难地背着一个口袋在行走。男人跳下车，二话不说，把口袋往车上一扔，说："上车！"女人犹豫着说："大哥，这不好吧？"男人满不在乎地说道："怕什么，我问心无愧！"

有人认为，人生最可怕的不是磨难，而是违背良知，遭受内心的谴责。

辑五　修好这颗心，人生更从容

6.劝人改过必先美其长

凡劝人，不可遽指其过，必须先美其长。盖人喜则言易入，怒则言难入也。善化人者，心诚色温，气和辞婉；容其所不及，而谅其所不能；恕其所不知，而体其所不欲；随事讲说，随时开导。

——弘一法师《格言别录》

弘一法师这段话，要我们在劝诫别人时，不要直接去指出他的过错，而可以从赞扬他的优点说起。对方在高兴的时候，才能较容易地接受你的批评。一味地指责只会适得其反。所以，当我们准备说服别人时，不妨先从他最感兴趣的话题说起，顺势开导。

一般来说，如果我们在批评别人之前，先肯定他的优点，然后再不露声色地指出他的缺点，那么，结果就大不一样了。比如，孩子在学校和同学打架，做父母的要先肯定他是个好孩子，在某些事情上很有正义感，在家里也很懂得照顾父母，平时都很讲道理。"我知道，如果你不是特别生气，是不会打架的。"孩子觉得自己被理解了，这时候，即使你没有指出，他打架的这种行为是不对的，他也会主动承认错误。这就是弘一法师说的，"凡劝人，不可遽指其过，必须先美其长。盖人喜则言易入，怒则言难入也"的道理。

在弘一法师的《格言别录》里记载："吕新吾云：'责善要看其人何如，又当尽长善救失之道。无指摘其所忌，无尽数其所失，无对人，无峭直，无长言，无累言。犯此六戒，虽忠告，非善道矣。'"是说，我们劝人向善时，要根据这个人的实际情况去劝解。不要去说他最忌讳的话，也不要指责他的所有过失。要对事不对人，说话不能太直接，不要长篇大论，要点到为止，不要啰里啰唆。如果我们在劝导别人时犯了这六条，就算你说的话是忠言，也不能算你做了好事。

昙昕法师在回忆文章里提道：

　　记得有一次，泉州有一个姓黄的，他善于画画，多次邀请大师吃饭。大师给他请多了，就破例在藏经楼上叫我预备了几样菜。那时正是战争时期，什么菜都十分稀罕。不过，当时我弄的几道菜倒是过得去。在进食中，黄居士请大师批评他的画。大师从来不直接批评他人。他看了黄居士的画，随口说："好，好。不过，学画的人应学多看。能多看好几家的画，才能吸收人家的特长。学画要先学画圆，画了圆将它对折起来，如果四周都能相叠，才算有了起步的准备；接下来第二步就要学习一笔就能画出一条直线；第三步则是一口气能画出一个正四角形来，同时将画纸对折后，四角形的四个角都能相叠为准。"大师强调，一个学画画的人，开始时一定要完成这几个步骤。若不能完成这三个步骤，则将来可很难画画了。他又说西洋画家最讲究画面的构图图案，空白在画面上有时是要加以保留的。因空白本身对画面具有重要性。

　　大师还告诉我，叫我和黄居士说，最好去买商务印书馆所出版的《历朝名画观音宝相》一书来参阅。他说该书收藏了各家的作品，若能小心参考各家的笔法，知悉其优劣点，然后自成一家，那是最好不过了。大师亦指出，艺术贵在清淡。如佛法所说，"此法非思量卜度之所能解"。此法是指佛法，也就是说佛法不是单靠思量而不去精读就能了解的。同样，此书、此画、此艺术都是非思量卜度之所能解。这才是真正的艺术。大师对我说："我不好意思告诉这画家这些话，劳烦你转告给他知道。我的感想是这样，对不对由他自己去想想。"弘一法师说这话时是非常客气的。多补充一句。大师曾说过，艺术到了最高峰就是佛法。

如果我们在劝说别人时，不停地说对方的不是，就算对方心里明知道你说的话都是对的，是为他好，他也会觉得不舒服。如果你批评得过于严厉，他还可能对你怀恨在心。不但不能够导人向善，反而可能招致不必要的麻烦。所以，我们的"责善之言"要慎出口。在劝人的时候，不妨使用讲故事的方法去劝解他，而不是直接针对他本人的错误去跟他摆道理。

　　再坏的人，他也是有优点的。比如，他长得不错，很会说话，聪明。如果我们能够抓住他的优点去肯定他，而不是抓住缺点去否定他，他就会从心眼儿里感激你，从而刻意发扬自己的优点，抑制自己的缺点。

一个杀人犯在去往刑场的路上，引来群众围观。这时候，人群里突然有一个老妇人说："看，这小伙子的头发多漂亮啊！"这个杀人犯流着眼泪说："如果早有人对我说这句话，我就不会有今天了。"

的确，也许只要我们及时给予对方一句赞美，他就会及时停下犯罪的手，而我们的一句咒骂或者指责，可能会让一个好人也生出怨怼之心。"善化人者，心诚色温，气和辞婉；容其所不及，而谅其所不能；恕其所不知，而体其所不欲；随时讲说，随时开导。"就是说，善于感化别人的人，都是语气诚恳，态度温和，用语委婉。能够包容他，理解他，原谅他，同情他，有事说事，随时化解。

丰子恺先生在怀念弘一法师的文章里提道：

有一个人上音乐课时不唱歌而看别的书，有一个人上音乐课时吐痰在地板上，以为李先生看不见的，其实他都知道。但他不立刻责备，等到下课后，他用很轻而严肃的声音郑重地说："某某等一等出去。"于是这位某某同学只得站着。等到别的同学都出去了，他又用轻而严肃的声音向这某某同学和气地说："下次上课时不要看别的书。"或者："下次痰不要吐在地板上。"说过之后他微微一鞠躬，表示"你出去罢"。出来的人大都脸上发红。又有一次下音乐课，最后出去的人无心把门一拉，碰得太重，发出很大的声音。他走了数十步之后，李先生走出门来，满面和气地叫他转来。等他到了，李先生又叫他进教室来。进了教室，李先生用很轻而严肃的声音向他和气地说："下次走出教室，轻轻地关门。"说完就对他一鞠躬，送他出门，自己轻轻地把门关了。

无论对方犯了多大的错误，你怒气冲冲地去指责他，即便你指责得完全在理，别人也不会听你的，相反他可能比你还生气、愤怒。每个人犯错，都有主观和客观的原因，一味地指责他有错，是不公平的，他也会有百般的委屈，他需要的是别人理解、包容，而不是指责。如果能够从心理上去体谅，那么，即使你一句话也不说，就已经起到劝人向善的作用了。

我们总是对自己的缺点能够宽容，对别人却很苛责，用放大镜去看别人的缺点，指责别人的时候，往往也是一针见血，切中要害。专往别人的伤口上撒盐，甚至希望让别人心服口服，向你跪地求饶。就算你站在真理的肩膀上，也用不着得理不饶人。

这世上没有绝对的坏人，可是，如果坏人犯了错误，我们就对他不依不饶，责其太过，可能会导致他对别人产生戒备和敌对的心理，以致发生更严重的报复行为，在错误的泥潭中越走越深。所以，即使对方十恶不赦，也不可以把对方说得一无是处。如果我们认为自己是道德高尚的人，喜欢站在道德的制高点去俯视别人、批评别人，对别人的所作所为指手画脚，那丝毫不能证明你比别人更高尚。相反，只能证明你狭隘、刻薄，招致别人对你的反感和反击。

7. 好说话，说好话

凡一事而关人终身，纵确见实闻，不可着口。凡一语而伤我长厚，虽闲谈戏谑，慎勿形言。结怨仇，招祸害，伤阴骘，皆由于此。

——弘一法师《格言别录》

　　弘一法师这段话告诉我们，说话不可伤人，不可口出恶言。在其著作中曾经提到《华严经》，里面就将口出恶言当作佛教中的第六大恶行。证严法师说："心地再好，嘴巴不好，也不能算是好人。"我们常说，一个人是刀子嘴、豆腐心，这个人嘴巴不饶人，但心地是很好的；快人快语，有什么说什么。自然，聪明的人，如果听到有人批评自己，不应该就此心生怨恨，不可因为别人说话不好听，就认为他的人品有什么问题，或者对自己不好。但对于说话的那一方，为什么就不能改改自己的性子呢？多替对方着想，批评的话也可以好好说。的确，很多时候，我们并不想去伤害我们身边的人，但是我们却往往因为管不住自己的嘴而对人恶语相向。

　　人要常说给人欢喜、鼓励、肯定和赞美的话。多说好话，少说坏话，也是一种修行。有时候，我们遇到某个人或某件事，可能会忍不住发表自己的观点，也许从本意上，我们是希望能够让对方有所受益。比如，你的闺蜜因为失恋向你诉苦，你如果冷言冷语地批评她当初看人不准、陷得太深，这样只会令她更加痛苦。所以，这时候你要明白，无论她以前犯了多大的错误，都不需要你指出来，因为你不说，她自己也会明白，而你的指责，有可能让她受到更大的伤害。你这时候需要鼓励她、祝福她，相信她一定能走出阴影，重新获得幸福。或许你不经意的一句批评就会令对方感到心灰意冷，做出傻事，而一句关怀的话，却能让沮丧的人有生存下去的勇气。因此人要经常检点自己的口舌。

台湾著名佛学作家林清玄在读高中时，是一个很顽皮的学生，很多老师都不待见他，以为这个学生已经无可救药。国文老师王雨苍却找到他，语重心长地说："我教了50年书，一眼就看出你是个能成大器的学生。"正是这句话，点亮了林清玄的人生之路，他从此发奋图强，最终成为一名优秀的作家。有趣的是，走上社会的林清玄也用同样的话语使一个小偷改过向善。

有一天，林清玄路过一家羊肉炉店的时候，突然听到一个中年男人的声音非常热情地招呼他。那是一个陌生的男人。他拉住林清玄的手说："林先生一定不记得我了。"林清玄很尴尬地说："很对不起，我真的想不起在什么地方见过你。"

中年男人告诉他，20年前，他是一个非常高明的小偷。他的作案手段非常高明，犯案上千件，许多被偷的人家几周后才发现家中失窃，而现场却找不到任何偷窃的痕迹。但终于有一天他被警察抓住了。当时，在报馆担任记者的林清玄去采访这个小偷。听完警察的叙述后，林清玄不禁对这个小偷生起敬意，因为手法这么细腻的"专业"小偷是很罕见的。而这个长相斯文的年轻人，居然在警察面前拍着胸脯说："大丈夫敢做敢当，凡是我做的我都承认。"

林清玄百感交集，回去后，写了一篇特稿，忍不住感慨："像心思如此细密、手法这么灵巧、风格这样突出的小偷，又是这么斯文有气魄，如果不做小偷，做任何一行都会有成就吧！"

没错，这个老板就是当年的小偷。因为林清玄的文章打动了小偷，从监狱出来后，他开了家羊肉炉的小店，改邪归正。

说话不注意，只因一时口快就恶语伤人，不仅伤人面子，还会破坏朋友之间的感情。

有一天晚上，卡耐基参加一场宴会。宴席上，坐在卡耐基右手边的一位先生讲了一个故事，并引用了一句话，意思是"谋事在人，成事在天"，他说这句话出自《圣经》。卡耐基知道这位先生说错了。他马上直截了当地纠正这位先生的话，对方立刻反唇相讥："什么？出自莎士比亚？不可能，绝对不可能！这句话绝对出自《圣经》。"他自信确实如此！这时，坐在卡耐基左边的朋友格蒙是莎士比亚的研究者，于是，卡耐基和那位先生便同时向他请教。格蒙在桌下踢了卡耐基一下，然后说："戴尔，这位先生没说错，《圣经》有这句话。"

那晚回家的路上，卡耐基对格蒙说："弗兰克，你明明知道那句话出自莎士比亚。"

"是的，"他回答，"这句话出自《哈姆雷特》第五幕第二场。可是亲爱的戴尔，他不过是宴会上的客人，为什么要证明他错了？不给他留面子会使他喜欢你吗？"

卡耐基明白了自己的失误，从此尽量让自己再也不犯这样的错误了。

逞一时口舌之快只会给自己树敌，人际交往的原则应该是永远避免跟别人发生正面冲突。只有谦卑待人，才能得到友谊。但是，一些人的口舌之快，已经形成了一种习惯，只要是看到或者想到的事情，都会情不自禁地脱口而出。因此，当我们在与人闲谈时，说话一定要经过大脑的过滤，好好地琢磨一番再开口。不该说的话最好一句都不要多说。若只为满足自己的一时口快而言行不慎，让别人下不了台，也会把自己的事情搞糟，是不礼貌的，也是不明智的。管好自己的嘴，做一个言出友善、话语暖人的人。

好美言、恶恶语是人的本性。嘴巴甜的人未必是一个好人，但一个好人一定是一个口出善言的人。证严法师说："心地再好，嘴巴不好，也不能算是好人。"说好话，也如同我们做好事一样，绝非曲意奉承、拍马屁，而是出于一种美好的心愿，愿意使对方感到快乐，得到鼓励。口出恶言，不需要特殊的训练就可以做到，但口出良语，却需要长期修炼。当我们忍不住想"实话实说"时，不妨马上在心里叫停，开始你可能不习惯，总是忍不住，但只要你有恒心，并且能够意识到自己这种行为不但对己不利，于别人也毫无帮助时，慢慢就会习惯成自然。之后，你可以试着多说好话，试着从另一个角度去开解他人，多看看别人的反应，你会发现，说好话，一点儿也不难。当然，好话要说得发自肺腑，而不是口是心非。说好话不光是一种技术活，更是一种做人的心态。说好话也是心地善良的表现，只要你设身处地地为别人着想，知道即使是出于善意的批评也会给别人造成伤害时，就自然知道如何"好言相劝"了。

8. 通过自我警醒、悟知改掉坏习惯

吾人之习惯甚多。今欲改正，宜依如何之方法耶？若胪列多条，而一时改正，则心劳而效少。以余经验言之，宜先举一条乃至三四条，逐日努力检点，既已改正，后再逐渐增加可耳。

——弘一法师《改习惯》

弘一法师在《改习惯》一文中写道：

> 吾人因多生以来之夙习，及以今生自幼所受环境之熏染，而自然现于身口者，名曰习惯。

> 习惯有善有不善，今且言其不善者。常人对于不善之习惯，而略称之曰习惯。今依俗语而标题也。

> 在家人之教育，以矫正习惯为主。出家人亦尔。但近世出家人，惟尚谈玄说妙。于自己微细之习惯，固置之不问。即自己一言一动，极粗显易知之习惯，亦罕有加以注意者。可痛叹也。

> 余于三十岁时，即觉知自己恶习惯太重，颇思尽力

对治。出家以来，恒战战兢兢，不敢任情适意。但自愧恶习太重，二十年来，所矫正者百无一二。

自今以后，愿努力痛改。更愿有缘诸道侣，亦皆奋袂兴起，同致力于此也。

吾人之习惯甚多。今欲改正，宜依如何之方法耶？若胪列多条，而一时改正，则心劳而效少。以余经验言之，宜先举一条乃至三四条，逐日努力检点，既已改正，后再逐渐增加可耳。

法师认为，一个人在改正以往的缺点和不良习惯时，往往急于求成，希望马上就能够改掉，恨不得自己马上就变成另外一个全新的自己。但实际情况是，越着急的人，越难以改掉坏习惯。因为改掉一个坏习惯不是一天两天就能办到的。比如，有些人有吸烟的习惯，如果他们的手上突然没有了烟，就会变得很烦躁，在明知道吸烟有害健康的情况下，这些人也会因为难以克制吸烟的欲望而旧习复燃。我们常说恶习难改，一个人一旦养成一个坏习惯就很难改掉，越着急就越改不掉。那怎么办呢？法师认为要慢慢来，一次改掉一个缺点，改掉一个之后，再改另一个。

改掉一个坏习惯的同时，就证明你养成了一个好习惯。要改掉喝酒、抽烟的习惯，不妨用喝茶代替。有一个人有看着电视才能入睡的习惯，这样诚然可以帮助他入睡，却很浪费，实在没有必要。后来，他就想了一个办法，用看书来取代看电视，直到困意袭来为止。而且，即使在睡前只看一页书，天长日久，也会收获很大。记住，一定要用好习惯来代替坏习惯，而不是用坏习惯来代替坏习惯。比如，有的戒烟者在戒烟之后，会变得暴饮暴食，这就是用一个坏习惯代替了另一个坏习惯。有一个小孩，老是爱玩游戏，家里怎么管也管不住他。后来，有一阵子，妈妈发现他突然不玩游戏了，心里很高兴，以为他改掉了坏习惯。后来才发现，他虽然不爱玩游戏了，却迷上了赌博。

当我们决定要改掉一个坏习惯的时候，最好不要对自己说，我要改掉坏习惯，而是要对自己说，我要养成另一个好的习惯。比如，你不爱洗澡，你就对自己说，我要变干净，从今天开始每天都洗一次澡。如果没有这个条件，也可以一周洗一次。如果你只是说，我要改掉不爱洗澡的习惯，就有可能永远也改不掉。为什么呢？因为你没有目标。你不知道要多久洗一次才算爱洗澡。等你习惯了每天洗一次澡，三天不洗就会觉得难过。这就是好习惯的力量。

用好习惯来代替坏习惯是一个必要的过程，只有这样，才能避免改掉一个坏习惯的同时又养成另一个坏习惯。

我们在改自己的坏习惯时，很容易对自己心软，狠不下心。比如，有人为了减肥，连续五天没有吃肉了，到了周末，为了补偿自己，海吃了一顿。结果呢，海吃完了，又会想，还是肉好吃，算了，胖就胖点儿吧，不就是胖点儿吗？于是，减肥计划就这样泡汤了。我们太容易宽容自己了。

弘一法师修行深厚，对自己要求甚严，然而即使是这样的高僧仍然认为自己恶习太重。

弘一法师钻研律学，对改正习惯之法非常注意。在一次演讲中，法师列举了僧侣七条不好的习惯，这些习惯虽出自山门，而且在僧侣的努力下已改过，但对在俗的人仍有参照作用。

首先是"食不言"，吃饭时不要说话。吃饭时说话，含着一嘴饭菜大谈特谈，不但有碍消化，也很不雅观。

第二，不非时食。该吃饭时吃饭；不该吃饭的时候不吃，养成按时吃饭的习惯。在出家人，吃饭定时是一种戒律。对普通人来说，按时吃饭是为了让我们的身体健康。吃饭不定时，会造成消化系统紊乱，于身体无益。

第三，衣服朴素整齐。"衣服朴素整齐。或有旧制，色质未能合宜者，暂作内衣、外罩如法之服。"现代人物质极大丰富，当然不必新三年、旧三年，缝缝补补又三年。但是，我们仍然要注意在穿着上不要过度浪费，有些人买衣服动不动就是名牌，结果把自己搞得经济紧张。这就不是一个好习惯。对于不再穿的衣服，应该洗干净、叠整齐，将它们送给需要的人。

第四，别修礼诵等课程。每日除听讲、研究、抄写及随寺众课诵外，皆别自立礼诵等课程，尽力行之。或有每晨于佛前跪读《法华经》者，或有读《华严经》者，或有读《金刚经》者，或每日念佛一万以上者。

第五，不闲谈。出家人每喜聚众闲谈，虚丧光阴，废弛道业，可悲可痛！今诸道侣，已能渐除此习。每于食后或傍晚、休息之时，皆于树下檐边，或经行，或端坐，或默诵佛号，或朗读经文，或默然摄念。

平时大家都爱聊天打发时间。有些人甚至把聊天当成打发日子的重要内容。如果我们找不到人跟我们聊天，就觉得无聊。上班的时候也喜欢和同事聊家长里短，很多重要的事情都被放在一边。这当然也不是个好习惯，因为聊天耽误了工作。但是，我们明知道不该这样，却总是控制不住自己。把聊天的时间用来学习、工作，哪怕听听音乐，也比说些无意义的闲话要有意义得多。

第六，不阅报。各地日报，社会新闻栏中，关于杀盗淫妄等事，记载最详。而淫欲诸事，尤描摹尽致。虽无淫欲之人，常阅报纸，亦必受其熏染，此为现代世俗教育家所痛慨者。故学律诸道侣，近已自己发心不阅报纸。

法师认为，报纸上为了吸引读者眼球，多登一些负面的新闻，每天花时间读这种新闻除了让自己心不安之外，也浪费时间。至于现代人，每天通过各种媒体渠道，获得的这类信息就更多了。所以，在阅读这些信息时，也应该有选择地去阅读，同事、朋友之间，甚至网友之间，往往会为了某个新闻热点讨论半天，真是浪费生命。对于网上的那些形形色色的新闻，如果你没有很强的分辨能力，很可能会影响到人的善恶观。

第七，常劳动。出家人性多懒惰，不喜劳动。今学律诸道侣，皆已发心，每日扫除大殿及僧房檐下，并奋力做其他种种劳动之事。

我们可能会喜欢做很多事情，比如，小孩子喜欢玩，女人喜欢逛街，男人喜欢打球。可是，我们偏偏不喜欢劳动。什么是劳动呢？家务、工作，都是劳动。有些年轻人，脏衣服、脏袜子堆成山了都懒得洗，可是，打一夜的游戏他都不会觉得累。

如果我们能做到以上七条，那么，生活就会变得清净、充实。一二三条告诉我们生活要有节制，四五六条告诉我们要随时净化自己的心灵，少被他人和社会的是非干扰，第七条则是所有习惯的根本。

如果这些坏习惯都没有，那么，就像弘一法师这样，想一想自己还有什么坏习惯吧。

辑六

看淡红尘纷扰，内心自在安闲

1. 安好你的心，从容生活

应事接物，常觉得心中有从容闲暇时，才见涵养。

——弘一法师《格言别录》

弘一法师在这里讲到了"从容闲暇"四字，在他看来，一个人面对任何事情都能从容闲暇，那么这个人就可以称得上是一个有涵养的人。无论处事、待人接物，心中常常有从容、游刃有余的感觉，忙而不乱，才表现出一个人的涵养功夫。而要达到这样的修养功夫，首先就要克服心浮气躁、感情冲动。

"从容闲暇"四字意义深广，一个人能够在待人时从容闲暇，可以看出这是一个懂礼貌且具有包容之心的人。在与人相处的时候，一个彬彬有礼的人，才能做到从容不迫，一个有包容之心的人，才能在与旁人发生摩擦或者是受到侮辱的时候，依旧从容闲暇。一个人能够在做事的时候从容闲暇，更能彰显一个人的修养。"泰山崩于前而面不改色"之人，定然是一个不平凡的人。

涵养就是内敛，就是控制自己的情绪，不露声色才是真正的涵养。"古井不波"是做人的极高境界，无论是遇到危难，遭遇不幸，还是欣逢喜悦，我们都要平静如水。"宠辱不惊，看庭前花开花落；去留无意，任天空云卷云舒"，将世事看淡一些，这就是涵养。

弘一法师说："刘念台云：'涵养，全得一个缓字，凡言语、动作皆是。'"一个"缓"字道出了涵养的精髓所在。刘念台，明朝学问家刘宗周，号念台，他告诫学生说："涵养品行，完全得自于一个缓字，无论言语、动作都要徐缓安详，不可急躁莽撞。"所以，刘念台先生又说："容易感情用事、喜怒无常、随便讲话、评论是非，放任自己妄念纷飞，都是心浮气躁起作用，这是德行涵养不能成就的病根，不可以轻视。"

非洲的某个土著部落迎来了从美国出发的旅游观光团。部落中有一位老人，他正悠闲地坐在一棵大树下面，一边乘凉，一边编织着草帽。

编完的草帽，他会放在身前一字排开，供游客们挑选购买。10元一顶的草帽，造型别致，而且颜色搭配也非常巧妙。他的那种神态，真的让人感觉他不是在工作，而是在享受一种美妙的心情。

这时候，一位精明的商人盘算开了："这样精美的草帽如果运到美国去，至少能够获得10倍的利润吧！"

商人对老人说："假如我在你这里定做一万顶草帽的话，你每顶草帽给我优惠多少钱呀？"

他本来以为老人一定会高兴万分，可没想到老人却皱着眉头说："这样的话啊，那就要20元一顶了。"

批发反而要加价，这是他从商以来闻所未闻的事情呀。

"为什么？"商人很疑惑。

老人讲出了他的道理："在这棵大树下悠闲地编织草帽，对我来说是种享受。可如果要我编一万顶一模一样的草帽，我就不得不夜以继日地工作，疲惫劳累，失去了从容，失去了快乐。难道你不该多付我些钱吗？"

人最宝贵的东西是生命和心灵，把生命照看好，把心灵安顿好，人生即是圆满。只有把心灵安顿好，我们才能身处喧嚣的都市中，把钢铁水泥化为青山绿水，诗意地栖居、轻灵地飞扬；宠辱不惊、顺其自然，学会大度看世界、从容过生活。只有这样，我们才能成为一个快乐的人，才能享受到真正的幸福。

英国和芬兰的研究人员通过对2000多名英国公务员的工作状态和心理健康状态的调查发现，每天工作11小时以上或每周工作55小时以上的人，与每天工作七八小时的人相比，患抑郁症的风险要高出两倍多。

随着商业经济的快速发展，现代人的生活节奏越来越快，忙碌、躁动使我们心力交瘁。我们牺牲了宝贵的健康和悠闲生活，换来的是物质的过度消费和心灵的空虚。如何寻求一种更加健康的生活方式，一直是困扰着现代人的难题。因为我们做事贪快、求快，结果，只是做一些表面功夫，很少有人能把事情做到位。在做事的时候，多些从容闲暇，不但能够提高我们的工作效率，还有利于我们的身体健康。

金庸先生曾说："我的性子很缓慢，不着急，做什么事情都徐徐缓缓的，但最后也都做好了。人不能老是紧张，要有张有弛，有快有慢，这样对健康很有好处。"

的确，我们看见那些"慢性子"的人做什么事都慢慢来，可是，我们也没见他们比别人少做了什么事。饭照样吃，工作照样做，甚至有的人，你明明看他成天悠然自得，日子却依然过得比别人滋润，这是因为，他掌握了正确的工作方法，所以，不必忙碌，也依然能够做好一切。我们也一定看到过生活中那些忙忙碌碌的人，其实，反倒是一些没有作为的人。他们忙，却什么事也没有做好，什么事情也没有真正完成。就像写文章，有的人一个月写了几十万字，却不可卒读，有的人只写了一万字，却字字珠玑。求快的那个人虽然花了不少时间，可是，他并没有真正地完成一件事情。从容的人，每天喝喝茶、散散步，把身心调整后，再慢慢下笔，不慌不忙，交出的反而是完美的作品。

所以，我们看到做事从容的人，从来不给自己安排超出能力范围的工作，除了工作以外，他们还会给自己休息和娱乐的时间。

有涵养的人必定是非常稳重的，无论遇到什么事都能保持言语动作和平时一样。比如说，当我们遇到开心的事情时，必然会言语加快，向别人宣布好消息，或者是在说话时手舞足蹈，以显示自己的高兴；当遇到不开心的事情时，就会意志消沉，情绪低落，被人一眼看穿。有涵养的人则喜怒不形于色，遇到再大的困难，他们都不会表现出惊惶失措，他们会在私下尽量设法解决，等到问题已经解决的时候，其他人可能还浑然不知。

有涵养的人之所以受人尊重，是因为他们的举手投足都给人以优雅、深沉的感觉。我们在遇到开心的事情时，可能忘乎所以、喜形于色，什么礼仪风度都抛到了脑后；遇到不开心的事情时，会伤心难过，到处诉说，甚至诅咒谩骂。而有涵养的人无论在什么时候，都能保持那份从容，好像天下事都不在他的心中，任何事情都动摇不了他，甚至让人感觉天下事似乎尽在他的预料中，所以他才会如此不动声色。

2.花繁柳密处拨得开，风狂雨骤时立得定

花繁柳密处拨得开，方见手段；风狂雨骤时立得定，才是脚跟。

——弘一法师《格言别录》

这是在弘一法师房间里挂的一幅书法作品，意思是说，只有经得起诱惑和灾难的考验，才能够达到人生的大境界。用我们现在常用的两个字来表达，就是淡定。

在诱人的欲望面前能够不为所动，能够拨开繁华，能够走出来，在灾难和危险面前，能够淡定自若，这才是大丈夫本色。如果我们能够做到如此，那么，生活就没有什么能够干扰到我们的心志和情绪了。

宋代大文豪苏东坡有一句诗："回首向来萧瑟处，归去，也无风雨也无晴。"风雨也好，晴天也好，在东坡先生这里是没有分别的，人该怎么过日子还怎么过日子。一开始，人要克服欲望和人生的逆境，是需要很大的毅力和理智的，但是，时间久了之后，你就会把这些看作极其自然的事情，不用刻意去抗拒什么了。

星云大师到某地讲经弘法，半路上遇到了严重的塞车。为了

不耽误时间，当地政府派了两辆警车，一前一后，专门为星云大师开出一条通路来。随行的徒众一阵欢呼，皆面露得意之色。星云大师将这一切看在眼里，他不失时机地问徒众："假如警车载我不是去赶赴会场、不是去讲经弘法，而是押着我准备送进囚牢，你们心中会有什么想法？"

"那心情就大不一样了。"众人纷纷道。

星云大师说道："一般人上了台就好欢喜，大肆庆祝；一旦下了台，就失魂落魄，好像人生死了一半。实际上，不管上台下台，都应该平常心看待。上台也好，下台也罢，都要欢喜。"

人生是悲是喜，是好是坏，是风是雨，对淡定的人来说，都不过是人生最自然的事，不值得大惊小怪，更不会随之改变自己的情绪。

1960年3月31日，马寅初因"新人口论"遭到批判被免去北大校长的职务。儿子回家告诉他这个消息时，他只是漫不经心地"哦"了一声，便不再言语，仿佛这是一件不值得一提的小事，继续看书，神态自若。

1979年9月14日，北大隆重召开大会，给马寅初平反，恢复其名誉，并对他进行了高度的评价。此时，马老已经97岁了。当儿子回来告诉他这一喜讯时，他心不在焉地"哦"了一声，不置一词，照旧闭目养神，心如止水，从容淡定。

人生在世，穷富、成败、得失，都不过是人生路上的某一个瞬间，一种状态。就像我们在路上遇到了一块石头，你越过去了，你还是你；天空突然下起一阵雨，把你的身体淋湿了，但是，太阳很快就会出来，衣服很快就会干。这些，对我们的人生产生不了任何影响。因为对你而言，走在风雨里的那个人还是你自己，还能够依然前行。那么，你暂时遇到点儿困难，有什么值得大惊小怪的呢？因为，这对我们而言，根本改变不了什么。马寅初不会因为不做校长就不是马寅初了。

弘一法师说："人当变故之来，只宜静守，不宜躁动。即使万无解救，而志正守确，虽事不可为，而心终可白。否则必致身败，而名亦不保，非所以处变之道。"

这段话的意思是说，当我们的人生遭遇变故时，不应该怒发冲冠，急急忙忙地去采取措施，而应该保持安静、等待时机。即使你要做的事情已经彻底失败，但只要我们的志向是趋向正义的，只要我们的这颗心没有变质，就够了。如果我们这时候急于为自己辩解，为自己争取，反而可能招致更大的麻烦，搞得身败名裂。

3. 得意淡然，失意泰然

自处超然，处人蔼然；无事澄然，有事斩然；得意淡然，失意泰然。

——弘一法师《格言别录》

　　所谓"得意淡然"，就是指在得到晋升、财富、名誉这些身外之物时，要看淡，不要洋洋得意，忘乎所以；所谓"失意泰然"，是指在学业、事业、婚姻、家庭、生活等方面遇到挫折时，不怨天尤人，不自暴自弃。要能够从逆境中奋起，勇于拼搏，从头再来。

　　不因为自己做的事情好而得意，也不因为自己失去了什么而放声痛哭，这也就是我们所说的"不以物喜，不以己悲"。它是一种思想境界，是古代修身的要求。即无论外界或自我有何种起伏喜悲，都要保持一种豁达淡然的心态。

　　著名画家刘海粟和弘一法师是好朋友。弘一法师出家后苦修律宗，一次到上海来，许多当高官的旧相识热情招待他住豪华的房子，但他都谢绝了，情愿住在一间小小的关帝庙中。当刘海粟去看他时，发现他赤脚穿着双草鞋，房中只有一张板床。刘海粟看到这样的情景，难过得哭了，但弘一法师却双目低垂，脸容肃穆。刘海粟求弘一法师给他一张字，他只写了"南无阿弥陀佛"。

佛家讲"放下"，放下就是抛弃一切牵绊和烦恼，如果我们不能学会放下，就无法达到一个更高的境界。

在纽约市的中心公园里，长椅上每天都坐着一个衣衫褴褛的流浪汉，他每天都出神地看着公园对面的一栋别墅。终于有一天，住在别墅里的富翁来到他面前，好奇地问道："你为什么每天都坐在这里盯着我的房子看呢？"

流浪汉说："是这样的，我每天晚上都要睡在这张长椅上，不过，我每天晚上做梦都梦到住进了你的别墅里。"富翁童心大发，说："你的梦想今晚就可以成真了。你现在就可以到我的别墅里住上一个月。"流浪汉非常高兴地跟着富翁来到了别墅里。谁知第二天，富翁从别墅的窗口看到流浪汉又坐在公园的长椅上。富翁十分不解，来到公园里问他："住在别墅里不是你的梦想吗？你为什么又搬出来了呢？"

流浪汉说："先生，我十分感谢您为我做的一切。但是，当我睡在椅子上梦到睡在别墅里时，那种滋味妙不可言。可是当我真的睡到别墅里时，我却梦见又回到了冷冰冰的椅子上，这大大地影响了我的睡眠。"

初读这个故事，我们都会觉得这个流浪汉可怜又可笑。其实，这个流浪汉就是我们人生的写照。不过，可喜的是，这个流浪汉很清楚地知道，幸福只是一种内心的感受，所以，当他睡在别墅里却梦见自己睡在冷冰冰的长椅上时，为了不影响睡眠质量，果断地回到了公园里。然而，有的人宁可天天住在不是自己的别墅里心惊胆战，也不愿意搬出去。

其实，不管是哪一种生活，都有得有失。我们必须明白，人生得失无常，对已经得到的，要懂得珍惜，但不必得意；对已经失去的，不必痛苦，也不必失意。我们失去的多，得到的更多，患得患失，是最愚蠢的行为。患得患失的人，就像夏天抱着火炉，冬天抱着冰块，看似拥有，其实，他永远在害怕失去的痛苦中煎熬。

从前有个国王，非常喜欢打猎。有一次，他在打猎时不小心被老虎咬掉了一截小指。国王因此不开心了好一段日子。身边的一位大臣劝解道："陛下，您少了一截小指，总比丢了性命强多了，想开一些，这些都是上天最好的安排。"

国王听了，气不打一处来，心想：你这不是明摆着说风凉话吗？

于是，他气哼哼地问："假如我将你关进大牢，你也认为这是上天最好的安排吗？"

"当然。"大臣很淡定地回答。

"来人，把这个无礼的奴才给我关进大牢里去！"

侍卫立即把这个不知好歹的大臣抓起来，关进了大牢。

过了几天，伤势已经痊愈的国王又到森林中打猎。不料，这次竟被一个原始部落活捉了去，被五花大绑地架到了一口大锅前。原来，这个部落每逢满月都要下山寻找一个人，作为祭祀神灵的祭品，部落首领下令把国王的衣服全部脱光。

正当国王绝望等死的时候，却听到部落首领说："这个人缺了一截小指，不能作为神的祭品。"意外脱险的国王飞马回宫，做的第一件事就是亲自来到大牢释放了那位大臣，并在宫中设宴款待他。

"你说得果然没错，这一切都是上天最好的安排，要不是断掉一小截手指，我现在连命都没了！"不过，国王马上又想到了另一件事："你本来并没有犯什么错，却被我无缘无故关了好几天，难道这也是上天最好的安排吗？"

"当然，"大臣回答说，"如果不是陛下把我关进了大牢，这次我一定会陪您去打猎，那么，被当作祭品的人一定就是我了。所以我要向陛下敬一杯酒，感谢您把我关进了大牢，救了我一命呀！"

"塞翁失马，焉知非福"，更有一位哲人说："如果把人一生中的获得和失去相加，得到的结果必然为零。也就是说，人从来到这个世界到离开这个世界，失去了多少，必然也就得到了多少。"大部分人都能以坦然的心态面对"得"，却不能坦然地面对"失"。似乎得到自己想要的东西是天经地义的，一旦失去，就会感到难以接受。其实，人生的很多"得"，都可能源于我们某一次的"失"。因为那一天我错过了火车，我邂逅了你；因为那一天我失去了工作，我不得不重新敲开了另一扇人生的门。月有阴晴圆缺，人有旦夕祸福，人生在世，总是有得有失。既然得失难测，祸福无常，何不豁达洒脱一些呢？得之淡然，失之泰然。

4.告别那些没有意义的应酬

人情应酬可省则省，不必迁就勉强敷衍。

——弘一法师

辑六　看淡红尘纷扰，内心自在安闲

　　法师出家后，拒绝各种应酬活动，然而由于他的名气太大，依然有很多人慕名拜访，但是他认为这种应酬毫无意义，对他的静修有害无利，因此大多数时候，他都会选择避而不见。

　　当年弘一法师在温州某寺静修的时候，温州道尹林鹃翔慕名前来拜访，前前后后总共来了四次，都被他称病谢绝。后任道尹张宗祥又来求见，他是弘一法师的老同事，寺主寂山长老不便辞却，弘一法师乞求说："弟子出家，非谋衣食，纯是为了生死大事，都抛弃了，又何况官家朋友？请师父以弟子有病为由送走客人。"

　　应酬似乎成了人们生活中必不可少的一项活动，弘一法师这样一个出家人也不能避免，更何况我们呢！在日常生活中，同学聚会、公司聚餐、应酬领导、应酬同事……总之，大大小小的应酬总是不断。只要生活在继续，应酬也就在继续。在应酬的场合里，说着自己不愿意说的话，做着自己不愿意做的事，然而我们却又难以逃脱应酬，因为我们不愿意得罪人。

很多时候，我们明知道一些应酬是没有任何意义的，但是因为已经接到了邀请，如果不去，就会让人觉得不给面子，硬着头皮也要去。应酬简直已经成了现代人的一个沉重负担。也有些应酬是十分必要的，比如，朋友远道而来，一些意气相投的朋友聚在一起谈谈天；去拜访一些值得拜访的人等。可恰恰相反，现代人反而忽略了这些必需的应酬，却参加不得不参加的应酬。

为什么我们就不能像弘一法师那样，敢于驳人面子、拒绝应酬呢？其实，从弘一法师拒绝应酬的事我们可以看出，如果一个人事先把自己不喜欢参加应酬这个话透露出去，并且坚持的话，别人也能够理解这是你的个性。即使他们心里不大愿意，也不会太怪罪你。如果他觉得只有接受他的邀请才算是朋友的话，你最好告诉他，对你而言，你确实非常痛苦于交际，不擅长和陌生人打交道。

据统计，中国很多生意都是在酒桌上谈成的，所以，更多的人觉得，不应酬会失去很多发财的机会。更有一些喜爱交际的人，一天都离不开应酬。交际也是一门艺术，如果我们能够游刃有余地进行交际，那最好不过。但不可否认的是，如果应酬占去了人生的大部分时间，我们的生命在推杯换盏中无端浪费掉了，也实在是可惜。所以，身为现代人，应该做好应酬和生活的平衡。一些现代人更因为应酬太多，连和家人在一起的时间都没有，这就更加得不偿失了。

应酬带给了我们很多烦恼。在人际交往的过程中，频繁的应酬使得我们身心疲惫。应酬占用了我们太多的时间，在应酬的影响下，我们没有时间过自己的生活，没有时间陪伴家人，身体也被应酬拖垮，腰包被应酬掏空。

弘一法师在闭关修佛时曾说："不可闲谈，不晤客人，不通信（有十分要事，写一纸条交与护关者）。凡一切事，尽可俟出关后再料理也，时机难得，光阴可贵，念之念之！"舍掉闲谈，舍掉见客，舍掉与人通信，用留下的时间来闭关修炼、研究佛法。要成就事业，没有这样的精神绝对不行。如果你或你的朋友经常抱怨应酬花去了太多时间，那么，就算会得罪人，也要果断地推掉这些应酬。

1937年暮春时节，弘一法师应倓虚老和尚的邀请，偕随行弟子传贯、仁开、圆拙并倓虚老和尚派来迎接的梦参法师一行五人，自厦门赴青岛湛山寺讲律。

有人这样记载说：

"每逢大众上课或朝暮课诵的当儿，院里寂静无人了，他老常出来在院里各处游走观看，态度沉静，步履轻捷，偶然遇见对面有人走来，他老必先捷速回避，表面似像很怕人，其实我想他老是怕人向他恭敬麻烦。他老常独自溜到海边，去看海水和礁石激撞，据说那是他老最喜欢看的，假使这时能有丰子恺先生同游，信笔给绘幅'海上之弘一律师'图，那真能有飘然出尘之趣了。有一天晚上，朱子桥居士因悼亡友乘飞机来自西安，特来拜访他老，他老接见了。同时市长某公，是陪着朱老同来的，也要借着朱老的介绍和他老见一见。他老疾忙向朱老小声和蔼地说：'你就说我睡觉了。'第二天上午，市长请朱老在寺中吃斋，要请他老陪一陪。他老只写了张纸条送出来作为答复：写的是'为僧只合居山谷，国士筵中甚不宜'。"

哪些应酬是自己满心欢心要参加的，哪些应酬就算有天大的情面也不去。法师自有他的标准和分寸。为了虚名和利益而参加的应酬，法师是拒绝的，拒绝的理由更是让人肃然起敬。也许，弘一法师素来是个不喜欢交际的人，但即使你是一个喜欢交际的人，如果成天把时间都用在应酬上，恐怕也不是合适的。要知道，人生除了应酬之外，实在还有更多的事情可以做。应酬不但耽误了我们的许多宝贵时间，而且，过多的应酬还会使人迷失，推杯换盏间，若说全是意气相投是不可能的，彼此的客套敷衍实在没有必要。一旦和人在一起，我们的行事、谈话，皆要迁就他人，难免违背我们的本心，干扰我们的意志。所以，减少不必要的应酬，实在是人生的一大要事。

5. 珍惜生活，学会认真对待每一天

弘一法师由翩翩公子一变而为留学生，又变而为教师，三变而为道人，四变而为和尚。每做一种人，都十分像样，好比全能的优伶。……都是"认真"的原故，以上已经说明了李先生人格上的第一特点。

——丰子恺《怀李叔同先生》

丰子恺先生在怀念弘一法师时曾说：

> 弘一法师由翩翩公子一变而为留学生，又变而为教师，三变而为道人，四变而为和尚。每做一种人，都十分像样，好比全能的优伶。……都是"认真"的原故，以上已经说明了李先生人格上的第一特点。
>
> 现在弘一法师在福建泉州圆寂了。噩耗传到贵州遵义的时候，我正在束装，将迁居重庆。我发愿到重庆后替法师画像一百帧，分送各地信善，刻石供养。现在画像已经如愿了。

我以为人的生活，可以分作三层：一是物质生活，二是精神生活，三是灵魂生活。物质生活就是衣食，精神生活就是学术文艺，灵魂生活就是宗教。"人生"就是这样的一个三层楼。弘一法师是一层一层走上去的。弘一法师的"人生欲"非常强！他的做人一定要做得彻底。他早年对母尽孝，对妻子尽爱，安住在第一层楼中；中年专心研究学术，发挥多方面的天才，便是迁居二层楼了；强大的"人生欲"不能使他满足于二层楼，于是爬上三层楼去，做和尚，修净土，研戒律，这是当然的事，毫不足怪的。

　　他的生活非常认真，举一例说：有一次我寄一卷宣纸去，请弘一法师写佛号。宣纸多了些，他就来信问我，余多的宣纸如何处置？又有一次，我寄回件邮票多了几分，他把多的几分寄还我。以后我寄纸或邮票，就预先声明：余多的送与法师。

　　我和李先生在世间的师弟尘缘已经结束，然而他的遗训——认真——永远铭刻在我心头。古人说："出家乃大丈夫事，非将相之所能为。"他既出家做了和尚，就要像个和尚。

　　做什么就像什么，这是弘一法师一向做人的态度。做儿子，便做孝顺的儿子；做老师，便做个好老师；做僧人，便做个彻底的僧人。就是在念佛的时候，弘一法师都是一丝不苟，一字一音，发音标准而到位，绝无漏字断句的情况。而且，他在念佛的时候从不会因为外在的原因而打断自己，要么不念，要念就一定一次念完、念到位。

他出家后，身体力行，严守戒律，过着苦行僧的生活。他坚持佛教戒律中"过午不食"的原则，每天只吃早、午二餐。有人请他吃饭，必在午睡前进行，平时素食，如有香菇，必却之不食；有豆腐，亦不吃。唯食清煮白菜，而且用盐不用油，长年累月如此。

有个盲人花匠，一生酷爱种花，虽然他一生都没有亲眼见过自己种的花开的样子。然而，他用手去触摸那些花朵，感觉花的美丽；他用鼻尖轻触花心，用心嗅出每一朵花心。无论是什么花，在盲人花匠的照料下都开得无比艳丽。

这就是认真的结果。世人只要记住"认真"二字，就没有做不成的事情。

有一个人居住在祖传的百年老屋里。一天，他突然收到一封从国外寄来的信，信是用英文写的，不识英文的他满怀疑惑，他和自己的家人从来没有国外的亲友，这封信大概寄错了吧！

他找来一名翻译，翻译出信的内容。信是从英国的一所大学寄来的，收信人为"房屋主人"。寄信人署名为汤姆。信的大致内容是这样的：

"我是您所居住的房子的建筑设计师，为此，我深感荣幸。它是我年轻时代最得意的作品。令我难过的是，它如今已经经历了百年风雨，就像一位走向衰老的人，寿命将尽，无力再承受任何风雨，无力庇护它的主人了。它必须和您，以及您的家人做最后的告别了。若再住下去，我担心您和家人的生命和财产将受到威胁。当然，作为房子的设计者，我无权要求您尽快搬离心爱的家园，但是，作为一名称职的设计师，我有责任将这一危险告知您！并请您务必搬离这里！希望您和家人幸福安康！"

房主很快就搬出了这座百年老屋，并且，怀着无比感激的心情给对方回了一封信，在信中，他还邀请汤姆来中国做客。一个月后，他收到了回信。信并不是汤姆本人寄来的，而是汤姆的孙子。原来，这座老屋是汤姆年轻时来中国旅行时设计建造的。如今，他已经去世了。去世前，汤姆留下了这封信，向儿子交代了替他寄信的确切时间，嘱咐他们一定要将这封信交到房屋主人的手中。

不久之后，在一场暴风雨中，这座老屋轰然倒塌。

认真，就是做好每一件小事，绝不放过细枝末节，也绝不会去考虑投入和产出的成本。即使你只是一个小小的花匠，做着微不足道的事，但只要认真去做，就是在完成一件伟大的作品。任何事，都可以使我们的生命焕发出光辉，把每一件小事做好，你就会成为一个伟大的人。

专注就是集中注意力，全神贯注，专注带来惊人的效率。在做一件事时，投入多少时间并不重要，重要的是你是否"连贯而没有间断"地去做。倘若你在做一件事情的时候，三心二意，绝不可能换来高效率。即使你本来有这方面的天赋，也不可能取得大成就，还可能荒废了自己这份天赋。

在日本历史上有两名一流的剑客，一位是宫本武藏，另一位是柳生又寿郎，他们两个是师徒关系，宫本是柳生的师父。

当年，柳生拜宫本为师的时候，柳生问宫本："师父，以我的资质，需要练多久才能成为一流的剑客呢？"

宫本想了想说："用你的一生吧！"

柳生皱了皱眉头说："一生？一生太久了。假如您肯教我，我加倍苦练，多久才能成为一流的剑客呢？"

宫本回答："那需要10年吧！"

柳生低下头，还是摇了摇头："10年也太久了。如果我更加努力去练，那需要多久呢？"

"20年。"宫本回答。

柳生吃惊地看着宫本，继续问道："那如果我再加倍去努力，需要多久呢？"

"那你可能一生也成不了一流的剑客。"

柳生惊讶万分，不理解宫本的意思。

"要当一流剑客的先决条件，就是要专注，专注于练剑，你的剑术才可能会一流。但是你在练剑的时候，眼睛以及心里却想着别的事情，想着如何才能赢得名利，这又怎么能够成功呢？"

专注也是一种执着，只有不让自己受外界琐碎事困扰的人，才能始终向着自己的目标奔跑。专注让我们目标明确，专注让我们打起精神提高警惕，得到我们想要的。

6.悦纳苦难，将心事交付清风浮云

心志要苦，意趣要乐；气度要宏，言动要谨。

——弘一法师《说佛》

乔达摩出生时，一个婆罗门相者来到皇宫，他的父亲释迦族国王被告知，这个小王子长大后会离家修游，成为一个出家苦修的圣人。国王非常惊恐，因为他只有这一个王子，作为国家唯一的王位继承人，他不能让这个孩子成为出家人。婆罗门告诉国王，不可以让他看见任何不幸的事物，如死亡、疾病等，也许，这一切还可以避免。国王为了让王位后继有人，就禁止儿子离开皇宫，让王子享受荣华富贵，不受到一点儿委屈，不让他眼中看到任何不幸，哪怕是一片落叶。

就这样，乔达摩长大了，他不知道人世间除了富贵还有苦难，除了青春还有衰老，除了美丽还有丑陋，除了生还有死。后来，他娶了美丽的耶输陀罗公主为妻，生下一个可爱的儿子。不过，婆罗门的预言还是应验了。这一天，乔达摩坐着马车，出了皇宫。

他坐在马车里，很好奇地向车外看去，他看见一个衰老的女人，老得牙齿都没有了，脸上的皮肤干枯如树皮。他问赶车人："这个女人怎么了？"赶车人告诉他，每个人都会衰老，连国王也不能幸免。

接着，乔达摩又看到一个失去双腿的人，赶车人告诉他，每个人都可能面临疾病的折磨。这时，路上走来一列抬着尸体的送葬队伍。赶车人告诉他，每个人都要死去。乔达摩感到人生是那样可怕，美丽会从年轻的脸上消退，疾病会侵袭身体，死亡会取代生命。就在他对这一切感到迷惑和苦恼时，迎面走来一位老者，那个老人已经很老，可是，他的精神依然矍铄，面带微笑，神色平和安详。乔达摩很是惊奇，这个老者已经很老了，离死亡不远，可是，这个人为什么还这么快乐？

"他是一位圣者，他已经获得了真理并因此得到了解脱。"赶车人答道。

这些发现，唤起了乔达摩内心对生命的深刻同情，以及对自己受到庇护的特权的厌恶。他想，世间充满苦难，自己怎么能够置身在这种人为的幸福之中呢？更何况，他、他的亲人、儿子，也会有同样的痛苦和结局。

于是，乔达摩发愿离家修行，通过修行让世人摆脱生死的痛苦。六年后，乔达摩成为佛陀，人们称他为释迦牟尼。

人活着并不是为了痛苦，但要活着却不能不承受痛苦。生老病死对人生虽然是一种痛苦、折磨，但也正因为如此，我们的人生才有了目标，有了意义。如果无生无死、无灾无难，生命反而失去了存在的意义，人类也会失去进化的可能。正如草原上的羊群如果没有狼群的威胁，反而因为安逸而面临灭顶之灾。苦难和幸福本是同

辑六　看淡红尘纷扰，内心自在安闲

根生，它们是一根藤上的两颗果实，你必先吃掉苦的那颗，才知道甜是什么滋味。

人生就是一场苦旅，我们既不能把苦难背在身上、写在脸上，更不能把苦难抛在身后。看透人生的我们，在痛苦面前，也只需微微一笑，奋然前行。把每一次的磨难都当成人生的历练，在痛苦中成长，在磨难中进步。直到历风雨而不惧，在泥沼中前行而如坦途。

有个老渔夫捕鱼技术出神入化，是当地有名的"渔王"，但渔王非常苦恼。他将毕生的捕鱼经验全部传授给了三个儿子，按理，三个儿子也很努力地学习，但他们的渔技却一般，甚至比不上普通渔民的儿子。所谓"虎父无犬子"，堂堂渔王怎么可能培养出三个平庸的儿子呢？老渔夫一辈子都没能弄明白。正如有很多父母说，我把所有的心血都放在孩子身上，给他最好的生活条件，送他去最好的学校，可是，他怎么一点儿长进也没有呢？这些可怜的父母像这位可怜的老渔夫，像乔达摩的父亲一样，他们都忘记了传授给孩子"教训"这种经验。若要有一流的捕鱼技术，除了必要的基础知识之外，就是要把他们放到大风大浪中去接受风浪、失败和死亡的历练。如果不经历这些，他们永远只是一个平庸的捕鱼者，甚至会因为一个风浪就被掀到海里，成为鱼的食物。

所以，终于有一位智者发现了老渔人的错误所在。他说："没有教训同没有经验一样，都不能使人成大器！"没有经历过风雨的花朵，无论如何也结不出丰硕的果实。风雨之后，我们回过头来再去看的时候，就会发现，历经磨难以后，生命的花朵反而更娇艳动人。

辑七

放下执念，才能等到幸福来敲门

1. 人生不过是路过，没什么不可放下

不为外物所动之谓静，不为外物所实之谓虚。

——弘一法师《格言别录》

是什么因缘让李叔同毅然放下世间的一切名闻利养，在38岁盛年之时，悄然皈依佛门呢？从此，豪放不羁的李叔同不再，我们渐渐习惯叫他弘一法师，而不是李叔同。24年后又被佛门弟子奉为律宗第十一代宗师。

世人汲汲于求的，正是弘一法师急于放下的。也许，富贵会让我们的身心一度快乐，却会让我们离灵魂越来越远。而世间的名利，不但令世人混乱，也令法师感到窒息。为了解脱，为了灵魂的修行，他选择放下一切干扰他的东西。

有人会问，难道法师对妻儿没有一点儿眷恋吗？怎么会没有呢？只是，弘一法师要做的事情，是必须放下一切的。我们世人，往往这也做不成、那也做不成，就是因为我们什么都不想放下。你一手抱着一件珍宝，就再也腾不出手来抱别的东西，而你又常常抱怨说："啊，我没有机会去实现自己的理想了！"

你一定听过有一些明星说："我真想过平常人的日子！"难道这很难吗？好像那些名利都是别人一定要放在他们的身上一样。直到有一天，人过气了，再也红不起来了，他们真的归于平淡了，又不甘心了，想尽办法让自己再红起来。

在放下与舍得之间，我们经常是放不下、舍不得。我们对功名利禄放不下，所以会有买官、贿官；我们对金钱富贵放不下，所以出现盗窃、受贿；我们对爱情婚姻放不下，所以产生了爱恨情仇。

有一个人拎着一个油瓶在路上走，一不小心，油瓶掉到地上摔碎了，油洒了一地。这个人只是看了一眼，就接着赶路了。

路人见状，以为他不知道，便好心地在后面提醒他："喂，你的油洒了。"他应了一声，仍然头也不回地继续走路。

路人赶上去说："喂，你的油洒了！"

他说："我看见啦，可是油已经洒了，我无法再把它捡起来，我停下来又有什么意义呢？"

莎士比亚说过："聪明的人永远不会坐在那里为自己的损失而哀叹，而是想办法来弥补损失。"

一天，师徒二人一起下山化缘。当他们经过一条河时，发现因为昨夜刚下过雨，河水变得很急。河边有一个姑娘，由于水流太急，她无法过河，正在河边哭泣。师父走过去，二话不说，把姑娘背到了河对岸，便放下她，转身就走了。徒弟一路上闷闷不乐。师父问他怎么了，徒弟说："师父，你是出家人，怎么能背女人过河呢？"

师父笑了，说："我早就把那女施主放下了，你为什么还背着呢？"

三祖寺的宏行法师道德高深，有人曾一手提着一只花瓶前往三祖寺拜见他，向法师求教。法师见到他后，说道："放下！"那个人听后，就把一只花瓶放在了地上。法师又说："放下！"那个人又把另一只花瓶也放在了地上。接着，法师又说道："放下！"那个人不解地问道："法师，我已经将两只花瓶都放下了，现在两手空空，已经没有什么东西可以放下了，您还让我放下什么呢？"

　　法师缓缓说道："我让你放下的不是手上的花瓶，而是心中的杂念。杂念已经填满了你的内心，只有将这些东西放下，你才能摆脱生活的桎梏，理解生活的真谛，活出真正的自我。"宏行法师接着说："'放下'这两个字说起来容易，做起来难。有了地位，就放不下地位；有了财富，就放不下财富；有了欲念，就放不下欲念；在这个世界上，能够真正做到'放下'的人真的很少呀！"

　　遇到放不下的事，不妨问问自己：成天把这些事放在心上，压得心又沉又痛，对人生有帮助、有改变吗？再问问自己，是不是还有比你更惨的人，如果这些人都能够挺过去、能够放下，你还有什么放不下的呢？生命的意义，不在于拿起，而在于放下。幸福就在一拿一放之间。会"放下"的人，才是真正懂得生活的人。

2. 富贵终如草上霜

人生犹似西山日，富贵终如草上霜。

——弘一法师

　　弘一法师小时候，看不惯自己的二哥，因为，二哥待人接物的礼貌往往视人的贵贱不同而异。对有钱的人，礼貌有加；对穷人，则傲慢无礼。小叔同看在眼中，很鄙视二哥的行为，便故意反其道而行之。遇到贫贱的人就敬重他，对富贵者就轻视之。

　　二哥年轻时，吃喝玩乐，挥金如土，法师也看不起这种行为，偶尔忍不住要顶撞几句。等他东渡日本留学，到1910年毕业回国时，再见兄长，发现他已经改变了以前的种种行为，成为一个忠厚的长者、天津有名的中医了，心中非常欣慰，对哥哥的态度就跟以前大大不同了。

　　冈察洛夫曾经说过："钱是个可恶的东西，用它可以办好事，也可以办坏事。"人们经常说"钱不是问题，问题是没钱"等类似的话，说明钱有时候确实是我们人生中不可或缺的一部分。没钱寸步难行，一分钱憋死英雄汉的故事时有发生。金钱的作用虽然是不可低估的，但比金钱重要的东西还有很多。

大师在俗时，在学校做教员，他的学生刘质平考入东京音乐学校，需要赴日本留学，可是苦于没有学费，弘一法师曾为他申请过官费，但没有成功。接着刘质平家中亦宣布要中止资助。在这种情况下，弘一法师毅然决定解囊相助，并给学生立下了规矩：

1.此款系以我辈之交谊，赠君用之，并非借贷与君，因不佞向不喜与人通借贷也。故此款君受之，将来不必偿还。

2.赠款事只有吾二人知，不可与第三人谈及。家族如追问，可云有人如此而已，万不可提出姓名。

3.赠款期限，以君之家族不给学费时起，至毕业时止。但如有前述之变故，则不能赠款（如减薪水太多，则赠款亦须减少）。

4.君须听从不佞之意见，不可违背。不佞并无他意，但愿君按部就班用功，无太过不及。注意卫生，俾可学成有获，不致半途中止也。

1917年3月，法师决定出家，于是，3月25日，他给质平的信上说："君所需至毕业时为止之学费，约日金千余元，顷已设法借华金千元以供此费。余虽修道念切，然决不忍置君事于度外。此款倘可借到，余再入山；如不能借到，余仍就职至君毕业时止。君以后可以安心求学，勿再过虑。至要，至要。"

后来刘质平不忍因为自己求学，推迟了恩师修道的日期，就于

1918年夏天回国，弘一法师也于这年夏天出家了。

为了学生，他可以想方设法筹资，供其读书，而他又不需要对方偿还。甚至，为了学生的学业，他可以暂时放弃自己的理想，甘愿为学生的学费去工作赚钱。出家后，这个富贵公子，一下子就过起了身无长物的清贫生活，并且一过就是24年，没有半点儿觉得不适应。

法师视富贵如草上霜，自然不是让人从此都不工作、不去赚钱，而是让人对钱财要拿得起、放得下。不过度追求金钱，不紧紧地攥住金钱不放，被金钱奴役。为了家人，我们自然应该努力工作去赚钱，但对钱财的分配则不应该吝啬，该舍时就舍，对多余的钱财，适当地施舍，帮助有需要的人。

每个人都应该学会处理财富。我们看到那些一掷千金、耽于享乐的人，他们在觥筹交错间未必是真的快乐。不信，你看他们为生意焦头烂额，对员工和客户算计每一分钱时，其实，衰老和恐惧可能已经在他们的身体里像蛀虫一样，不知不觉地侵蚀着他们的生命。

老约翰·洛克菲勒在33岁那年赚到了人生的第一个100万，43岁时，他建立了世界最大的垄断企业——美国标准石油公司。那么，53岁时的他又成就了什么呢？那一年，他失去了自己的头发。

洛克菲勒从小在农庄长大，早年的体力劳动让他拥有了一个强壮的身体。他有着宽厚的肩膀，强健有力的步伐。可是，53岁时，他却莫名其妙地得了消化系统疾病，头发开始脱落、最后连眉毛也不能幸免。他肩膀下垂、步履蹒跚，看起来像一个80岁的老人。

他的传记作者温格勒说："他的情况极为恶劣，有一阵子，他只能依赖酸奶为生，医生诊断他患了一种神经性脱毛症，后来，他不得不戴一顶帽子。不久以后，他定做了一个500美元的假发，此后一生都没有脱下来。"

"当照镜子时，他看到的是一位老人。无休止地工作、操劳、体力透支、整晚失眠，运动和休息的缺乏，终于让他付出惨重的代价。"当著名的女作家艾达·塔贝尔见到他时，大吃一惊，她写道："他的脸上饱经忧患，他是我见过的最老的人。"

那时，医生只允许他喝酸奶，吃几片苏打饼干。他的皮肤毫无血色，瘦得皮包骨头。这个世界上最富有的人，每周收入高达几万美元，可是他一个星期能吃得下的食物却仅仅值几块钱。

在意识到贪婪已经摧毁了他的身体后，洛克菲勒决定退休。退休后，他每天打高尔夫球、种花，与邻居聊天、玩牌、唱歌。这个世界上最富有的人，这个曾经每天为赚更多的钱殚精竭虑的人，这个在53岁时与死神擦肩而过的人，在放弃财富之后，竟然活到了98岁。

香港作家张立对金钱有一番妙论："口袋里无钱，存折里无钱，但心里装满钱的人最苦；口袋里有钱，存折里有钱，但心中无钱为大福也。"身上有钱而心里没有钱的人最幸福，身上无钱，心里也无钱的人，因为并不以无钱为苦，日子虽然清苦，但只要还不至于饿肚子，这样的人的日子也是幸福的。所以，对凡夫俗子来说，钱这东西，自然是越多越好，但是，多到把人心压垮，那还不如没有。

3. 不能舍，只好泥里团团转

出家人的生活在人们看来都是相对清苦的，但对于真正的出家人而言，他们并不会认为苦，而是把苦当成乐，并且从中获得真正的快乐。

——弘一法师

我们时常听人说："舍得舍得，不舍不得；有舍才有得，要得就要舍。"懂得取舍，才是人生的一种境界。弘一法师曾说："出家人的生活在人们看来都是相对清苦的，但对于真正的出家人而言，他们并不会认为苦，而是把苦当成乐，并且从中获得真正的快乐。"弘一法师放弃红尘生活，遁入空门，这就是他的取和舍。世人要么难以理解，要么觉得他很了不起。因为他舍弃了世俗的荣华富贵，却忽略了他舍弃这些东西背后所得到的大人生、大快乐。在现实生活中，当我们要达成一个目标、完成一件事时，第一件要做的事就是考虑怎样取舍。

暴雨刚过，道路泥泞不堪。一个老婆婆到寺庙进香，一不小心跌倒在泥潭里，衣服上沾满了泥水，身上的香火钱也都掉到泥潭里了。她顾不上起身，就在泥里捞个不停。这时，一个富人坐轿经过，看见此情此景，想去扶她，又怕弄脏了自己的华贵衣服，于是便让轿夫去把老婆婆从泥潭里扶出来，并且送了一些香火钱给她。老婆婆道谢之后便来到寺外。守在寺门边的和尚看见一身泥污的老婆婆，一边躲开一边说："回去把衣服弄干净了再来，这是佛门净地，怎么可以一身泥污地进来拜佛？"

瑞新禅师把刚才发生的事情经过都看在眼里，就走到老婆婆旁边，亲自扶着她走进大殿，笑着对那个僧人说："旷大劫来无处所，若论生灭尽成非。肉身本是无常的飞灰，从无始来，向无始去，生灭都是空幻一场。"

僧人听他这样说便问："周遭十方心，不在一切处。难道连成佛的心都不存在吗？"

瑞新禅师指指远处的富人，嘴角浮起一抹苦笑："不能舍、不能破，还在泥里转！"

那个僧人听了禅师的话，顿时感到无比惭愧，垂下了目光。瑞新禅师回去便训示弟子们："金钱珠宝是驴尿马粪，亲身躬行才是真佛法。身躬都不能舍弃，还谈什么出家？"

弘一法师正是意识到，如果自己连红尘的这点富贵生活都放不下，还谈什么信仰呢？

法师在说自己出家的因缘时讲道："在我成为居士并住在寺里后，我的那位好朋友，再三邀请我到南京高师教课，我推辞不过，于是经常在杭州和南京两地奔走，有时一个月要数次。朋友劝我不要这样劳苦，我说：'这是信仰的事情，不比寻常的名利，是不可以随便迁就或更改的。'我的朋友后悔不该强行邀请我在高师任教，于是我就经常安慰他，这反倒使他更加苦闷了。终于，有一天他对我说：'与其这样做居士究竟不彻底，不如索性出家做了和尚，倒清爽！'这句话对我犹如醍醐灌顶，一语就警醒了我。是呀，做事做彻底，不干不净的很麻烦。于是在这年暑假，我就把我在学校的一些东西分给了朋友和校工们，仅带了几件衣物和日常用品，回到虎跑寺剃度做了和尚。"

朋友的话让弘一法师意识到，自己这样不舍不取，熊掌和鱼都想得，其实可能既不能过好世俗的生活，又不能真正修行。所以，他毅然选择了出家。这就是取舍。试想，我们之中有多少人就是在左右为难，这个不想放、那个不想舍之中浑浑噩噩地度过了一生？

弘一法师身边的弟子回忆说："有一次有人送他一条红毡子，他看了连声赞好。不过他说：'这条毡子，我没有福享用，应该送给我们寺中的转尘和尚，因他年纪较大，且是长老，我们应该尊敬他。'结果，大师就将毡子送给这个长老。还有一次，不知是云南还是贵州，送来一些名贵的萝卜，那是用邮递的方式送来的。他那天对我说：'今天你可以把这萝卜切细一点，分开给全寺的每人吃一些。我自己也吃一些。'他对于好的东西，从来没有一个人独自享用，一定是拿出来大家共享的。"

会生活的人，最懂得的就是取舍之道。"爱出者爱返，福往者福来。"其实，如果付出者只享受付出的快乐，而不计较失去的损失，那么，即使舍而不得，又有何妨？

弘一法师说："佛法从缘起论的观点来看，认为利他方能自利，害人实际是在害己。敬人者，人敬之；爱人者，人爱之；损人者，人损之；欺人者，人欺之。所以，我们应该做到自利利他，不可损人利己。这也正如印光法师所说：'祸福无门、唯人自召。善恶之报，如影随形。利人即是利己，害人甚于害己。'"

一个人只有学会利他，才能真正利己。弘一法师曾说："为什么要成佛呢？为利益一切众生。须如何修持乃能成佛呢？须广修一切善行。"

只有做到我为人人，才能"人人为我"。

有的人认为，只要不让自己吃亏，那么，自己就会永远受益。但其实，如果我们不肯利人，别人也无须利你。所以，一个只管自己赚钱而不管别人死活的商人是不会真正赚钱的。因为时间一久，大家就不会到你这里来和你做生意了。一个人生活在这个社会中，就要明白，利他方能利己这样一个道理。

4.把每一天都当作生命的最后一天来过

我要自己时时发大惭愧，我总是故意把钟改慢两刻，照草庵那钟的样子，不止当时如此，到现在还是如此，而且愿尽形寿，常常如此。

——弘一法师《南闽十年之梦影》

弘一法师在草庵居住时生了一场大病，当时，放在他病床边上的钟比正常的钟慢了两刻，大师后来就一直将这钟带在身边，命名为"草庵钟"，意在提醒自己要珍惜时间。他在《南闽十年之梦影》中记载道："我那一回大病，在草庵住了一个多月。摆在病床上的钟，是以草庵的钟为标准的。而草庵的钟，总比一般的钟要慢半点。我以后虽然移到南普陀，但我的钟还是那个样子，比平常的钟慢两刻，所以'草庵钟'就成了一个名词了。这件事由别人看来，也许以为是很好笑的吧！但我觉得很有意思！因为我看到这个钟，就想到我在草庵生大病的情形，往往使我发大惭愧，惭愧我德薄业重。我要自己时时发大惭愧，我总是故意把钟改慢两刻，照草庵那钟的样子，不止当时如此，到现在还是如此，而且愿尽形寿，常常如此。"

弘一法师珍爱时间。"朱华易消歇，青春不再来。"年华易老，生命易逝。人的一生就是在昨天、今天和明天之间循环往复的，如果我们不能抓住今天，很快今天就变成了昨天，明天也就不再。想要成就一番事业，我们就必须学会珍惜时间，充分利用时间，在有限的时间内学习更多的知识，完成更多的事情，这样我们的人生才有意义。

纷，纷，纷，纷，纷，纷。

惟落花委地无言兮，化作泥尘；

寂，寂，寂，寂，寂，寂。

何春光长逝不归兮，永绝消息。

忆春风之日暝，芳菲菲以争妍；

既垂荣以发秀，倏节易而时迁。

春残！览落红之辞枝兮，伤花事其阑珊；

已矣！春秋其代序以递嬗兮，俯念迟暮。

荣枯不须臾，盛衰有常数！

人生之浮华若朝露兮，泉壤兴衰；

朱华易消歇，青春不再来！

在这首《落花》诗中，弘一法师告诫我们：人生短暂，时光易逝，所以，人必须用有限的时间去做有意义的事情。在我们和别人有约时，一定要学会准时，因为，这不仅体现了你对别人的尊重，也体现了你做事的时间观，一个有时间观念的人，往往都是做事认真负责的人。

欧阳予倩说，演过《茶花女》后，有许多人以为李叔同一定是风流蕴藉而有趣的人，谁知他的脾气，却是异常孤僻的。

"有一次，他约我早晨八点钟去看他……他住在上野不忍池畔，相距很远，那天又是假日，赶电车难免有些耽误。及至我气喘吁吁地赶到他那里，名片递了进去，不多时，他开了楼窗，对我说：'我和你约的是八点钟，可是你已经过了五分钟。我现在没有工夫和你谈了，对不起。我们改天再约吧！'说完，他便一点头，关起窗门进去了。我知道他的脾气，只好回头就走。他每天的工作时间，都有一定的规则，一点也不差越。他曾说，做任何事情，没有时间观念，没有认真态度，就等于失败了一半。"

法师极重视自己的工作，到了工作时间，他决不做其他事情。想想，我们在工作时是否也能做到如此呢？除非有非放下工作不可的事情，在工作时间，一切与工作无关的事都应该将之关在办公室之外。

"我现在已经没有工夫了"。想想我们在生活和工作中，往往因为路上遇到一个人，忍不住聊了几句；突然想起一件事，就打个电话跟人家说上半小时；尝尝刚买的点心，时间就这样打发掉了，可是自己的工作计划才完成了一点点。但那时的李叔同，却连五分钟都是算计好的。这在常人看来，是不可思议的。

还有一件事发生在李叔同与其学生刘质平之间。刘质平在入浙江两级师范学校不久，创作了平生第一首曲子。他把作品拿去给李叔同看，只见先生表情为之一变，他以为先生要责怪自己急于求成，正在内疚之际，忽听李叔同道："今晚8点35分到音乐教室来，有话

辑七 放下执念，才能等到幸福来敲门

要讲。"

正值严冬，这天恰好又碰上狂风大雪。刘质平还是准时赴约了。当他走到教室跟前，发现雪地上已经有了脚印，但左右一打量，教室里漆黑一团，四周亦空无一人。于是刘质平就在廊前冒着风雪静静等候；3分钟、5分钟、10分钟，忽然，教室里的电灯通明，从里面走出一个人来。此人不是别人，正是老师李叔同。此时的李叔同，显得非常满意，他说刘质平已经准时赴约且又在廊前冒着风雪等候10余分钟，让他可以回去了。原来，这是李叔同在考验学生是否守时。此后，刘质平果真成了李叔同的得意弟子，在音乐事业上颇有成就。

可见，弘一法师是很有时间观念的人，也喜欢能够守时的人。所以，他用这种方法来考验学生，来断定学生将来是否能够成大器。他的判断是没有错的。

在日本，有一个著名的僧人叫亲鸾上人，他在9岁时就立志要出家。于是找到慈镇禅师，请求他为自己剃度。慈镇禅师问："你还这么小，为什么要出家呢？"亲鸾说："我虽年仅9岁，父母却已双亡，因为我不知道为什么人一定要死亡，为什么我一定与父母分离，所以，为了明白这层道理，我一定要出家。"慈镇禅师非常赞赏他的回答，认为他是一个有慧根的人，于是说："我已经明白了你的心意，我也愿意收你为徒。但是今天已经太晚了，明天我再为你剃度吧！"

亲鸾听了禅师的话后非常不以为然，他说："师父，你虽然答应我明天为我剃度，但是我还是一个9岁的孩子，心志还不坚定，我不能保证自己出家的决心能够维持到明天。再者，您已经这么大年纪，你也不能保证明天早上起床的时候自己还活着。"

禅师听了他的话，拍手赞叹说："对的！你说的话没错。现在我马上就为你剃度吧！"

今日事今日毕，因为你今天不做，明天也许就没有机会了。所以，海伦·凯勒说："善用你的眼睛吧，犹如明天你将遭到失明的灾难。同样的方法也可以应用于其他感官。聆听乐曲的妙音、鸟儿的歌唱、管弦乐队雄浑而铿锵有力的曲调吧！犹如明天你将遭到耳聋的厄运；抚摸每一件你想要抚摸的物品吧！犹如明天你的触觉将会衰退；嗅闻所有鲜花的芳香，品尝每一口佳肴吧！犹如明天你再不能嗅闻品尝。充分利用每一个感官，通过自然给予你的几种接触手段，为世界向你显示的所有愉快而美好的细节而自豪吧！"

我们都说今日事今日毕，该今天做的事情永远不要拖到明天，因为我们不知道明天会有什么样的事情发生，也不能保证明天还能做成这件事。再者明天还有更多的事情等着我们去做，如果我们总是把今天的事情拖到明天，那么我们的事情就会积压得越来越多。只有每天定时定量地完成应该做的事情，才能每天都轻松快乐。

5. 虚名竟如何，总是一南柯

辱身丧名，莫不由此！求名适所以坏名，名岂可市哉？

——弘一法师《格言别录》

人生没什么不可放下：弘一法师的人生智慧

德国作家托马斯·肯比斯说："一个真正伟大的人是从不关注他的名誉高度的。"为什么要这么说呢？名是人生的负累，如果一个人以追求名声为目标，那么，名声就会成为他成就事业的最大障碍，如果我们还会通过弄虚作假的手段来获取名声，那就更令人不齿了。

以李叔同扬名天下，而后作为法师再度出名的弘一法师，对"法师""老法师""律师"等诸如此类的名头十分反感，所以，每每都要求别人在写书或称呼他时除掉。他认为一个真正的学者就应该是踏踏实实地做学问的，不能为了虚名而去沽名钓誉，因为虚名只会让我们骄傲自满，而学问则是实实在在的。

季羡林先生是享誉海内外的东方学大师。2006年，95岁高龄的季羡林先生郑重请辞三大桂冠，完离虚名。他在《病榻杂记》一书中写道："三顶桂冠一摘，还了我一个自由自在身。身上的泡沫洗掉了，露出了真面目，皆大欢喜。"所谓三大桂冠是"国学大师""学界泰斗"和"国宝"三个称号。

两位大师，不约而同地放下虚名，不希望别人称自己"法师""大师"。这是为什么？世人皆为名声而沾沾自喜，即使是一个十足的好人，也可能喜欢虚名，喜欢别人把自己高看一眼。事实上，虚名也好、实名也罢，如果我们为名声所累，就会影响到我们做事情的心态，甚至会生出嫉妒之心，从而改变我们的心性。但为什么世人却逃不出虚名的诱惑呢？

我们需要在他人眼里高高在上，以表明自己的与众不同、能力出众。但同时，这也是一种负重。因为，汲汲于名利的人，往往为名所累。我们都有一种经验，如果别人对我们的评价不好，就会感到心神不宁，甚至愤怒。为了获得所谓的好名声，我们常常说着言不由衷的话、做着身不由己的事。

我们做事情是因为喜欢，是因为这是我们人生的至高追求，而不是为了给自己增加名望。如果我们舍本逐末，就可能使事情背离我们的初衷。姚雪垠说："谁能闯过不爱虚名的关，谁就能做出更好的成绩。"

弘一法师也好，季羡林也好，他们舍弃名望的目的，就是为了使自己放下负累，还原他们的初衷。隐士林逋经常把自己的诗稿烧掉，不使之流传。他说："我隐居的目的就是不使自己受到人世名声的负累，如果这些诗稿流传出去，就背离了我隐居的目的。"

有真才实学的人是用不着去用所谓的"虚名"来证明自己有学问或者是如何优秀的。恩格斯一直都非常反感别人称他为"导师"，他在给普列汉诺夫的复信中，第一句话便是："请您不要称我为导师，我的名字叫恩格斯。"曾两次荣获诺贝尔奖的居里夫人，把金质奖章给孩子当作玩具，她说："我是想让孩子们从小就知道荣誉就像玩具，只能玩玩而已。"

可是，一些人为了获得虚名，常常夸大自己的功绩，甚至伪造自己的成就。而隐藏自己的缺点和无知，树立一个虚假的自己，就更是追求虚名的人常常使用的手段了。即使是修行很高的人，也常不免为虚名所扰。

洞山祖师在离世之前，对自己的弟子说："我这一生清心修行，但还是不免沾上了一些虚名。我这具肉身即将腐坏，身上的闲名也应该一并随之消散。你们有谁能够帮助我去掉我的闲名呢？"大家面面相觑，都不知道怎样才能去除师父的闲名。这时候，一个小和尚来到师父面前，高声问："请问老和尚，你的法号是什么？"

大家都向小和尚投去愤怒的目光，心说，你怎么能这样目无尊长！再说，洞山祖师的大名谁人不知，你就算是新来的，也不会不知道吧！

这时候，洞山祖师却大笑着说："好啊。我的闲名终于去掉了。"就这样笑着圆寂了。

1937年5月，弘一法师为厦门第一届运动大会写完会歌后，青岛湛山寺梦参法师奉住持倓虚法师之函赶到了厦门，表示要请弘一法师前往青岛弘法。大师答应了，但他特意为此订下约法三章：

一、不为人师；

二、不开欢送会；

三、不登报吹嘘。

法师如此约定，就是因为他内心对虚名厌恶，不希望因自己的名气而受到外界的打扰。而好为人师，喜欢受到欢迎，喜欢自己成为报纸的头条新闻人物，则正是普通人的追求。一旦这些虚名成为我们心头的负累，人就会感到身不由己，疲惫、迷茫。要获得真正的快乐，而不是让名声成为我们心头的负累，就要放下它，让自己"无名"一身轻。所以，弘一法师对名声之类的东西总是唯恐躲之不及，那我们又何苦还要刻意去追求呢？

6. 学会专注做事，能让你更快乐

用功夫要如猫捕鼠（专注、奋发），如鸡孵卵（专注、无间），如滴水穿石、钻木取火（专注、不停），乃能成就。

——弘一法师

弘一法师认为专注是成就事业必备的一种态度，他把专注比喻成如猫捕鼠，如鸡孵卵，如滴水穿石、钻木取火，奋发、无间、不停。我们做一件事，就要像猫在鼠洞外等待老鼠那样，全身的精力都集中起来，全神贯注、蓄势待发；像母鸡孵小鸡一样废寝忘食；要像滴水穿石、钻木取火那样永不停止。只有这样，目标才可能实现，才可能把事情做到最好。

曾有人向弘一法师请教，是否可以在修炼律宗的同时兼修密宗。弘一法师对此解释说，人在同一个时间只能做好一件事情，只有将有限的时间和精力都投入到一件事情上，我们才有可能将这件事情做到最好。在做一件事情的同时又做另一件事情的结果只能是两件事情都做不好。因此，一心是不能二用的。

哈佛大学心理学博士最新研究指出，"三心二意"时人是不开心的。而且他还说，一个人越是不开心，就越是难以集中精神。专注就是集中注意力，专注能带来惊人的效率。在做一件事时，投入多少时间并不重要，重要的是你是否"连贯而没有间断"地去做。如果你在做一件事情的时候，三心二意，不但进度慢，还有可能做得不够精致。

法师认为，与其两边兼顾，哪件事都没有彻底做好，倒不如彻底做了和尚，精研佛法。想想，尘世中的我们，是不是也有许多人像法师未出家前的样子，既想这样，又想那样，什么事都想尝试，结果哪一件事也没有做好、哪一件事也没有做成。人生看起来几十年，但能够做好一件事就已经很不容易了。为了完成自己毕生的事业，法师把自己"与世隔绝"起来，摒弃一切尘杂之事，专心于自己的工作。任何人想做成一件事，都要有这样的精神。

慧远禅师年轻时是个游方和尚。20岁那年，在行脚途中，一位路人送给他一根烟管和一些烟草。慧远禅师心想："这个东西实在令人舒服，如果我对此上瘾的话，一定会影响我的禅修。"于是就将烟管和烟草悄悄放到了路旁。

过了几年，慧远禅师又迷上了《易经》。入冬后，禅师给师父写了一封信，请师父寄几件御寒的衣服来。可是冬天已经过去了，他也没有收到衣服。他便用《易经》为自己卜了一卦，知道那封信师父没有收到。慧远禅师心想："《易经》占卜确实很准，但如果我沉迷于此，又怎么可能全心全意地参禅呢？"之后，他便放弃了对《易经》的研究。

后来，慧远禅师又迷上了书法和诗歌，每天钻研，小有所成，竟然博得了几位书法家和诗人的赞赏。但是他仔细一想："我又偏离了自己的正道，再这样下去，我很有可能成为一名书法家或诗人，而不是一位禅师。"从此，慧远禅师放弃了一切与修禅无关的事情，一心参悟，终于成为一代著名的禅宗大师。

人这一生，放不下的事情有很多，有人总是拿"兴趣广泛"来标榜自己，认为自己是一个不同于普通人的人。但人这一生，能做好的事情也不过一两件，兴趣太多、欲望太多，往往容易让我们偏离了目标。最终，可以发现自己忙忙碌碌一生，做的事情不少，但有用的事情却没几件，到头来，一事无成。所以，人一定要克制自己，不要为欲望所驱使。这样内心才能更清净，才能更好地致力于自己所努力的方向和目标。一路上不为外物所迷惑、引诱，才能成就自我的追求。

辑八

与人为善，心灵才会真正安宁

1. 一只蚂蚁的生命也是宝贵的

……杀牛羊猪鸡鸭鱼虾，乃举其大者而言。下至极微细之苍蝇蚊虫臭虫跳蚤蜈蚣壁虎蚁子等，亦决不可害损。断不可以其物微细而轻忽之也。

——弘一法师《放生与杀生之果报》

我们都知道出家人不杀生，不杀生，就是爱惜生命。因为众生平等，就算是一只小虫子的生命都是一样的，是不容许我们随意去伤害的。

弘一法师到学生丰子恺家去，丰子恺请他坐到藤椅里，法师先把藤椅轻轻地摇动，然后才慢慢坐下去。一开始丰子恺很奇怪，但又不好意思问，后来看法师每次都如此，就忍不住问他原因。弘一法师回答说："这椅子里头，两根藤之间，也许有小虫伏着，突然坐下去，会把它们压死，所以先摇动一下，慢慢地坐下去，好让它们走避。"

滴水和尚19岁时拜仪山和尚为师，刚开始时，他被派去给寺里烧洗澡水。

有一次，师父洗澡嫌水太热，便让他去提一桶冷水来兑一下。他便去提了凉水来把热水调凉。他先把一部分热水泼在地上，兑完了冷水后，又把剩下的冷水也泼在地上。

师父便骂他："你这么冒冒失失的，地下有多少蚂蚁、草根等生命，这么烫的水下去，会伤了多少性命。而剩下的凉水，可以浇花草，可活树木。你若无慈悲之心，出家又为了什么呀？"

虫蚁、花草等这些微小的生命每天都在我们的生活中出现，而我们不过是把它们看得连衣服上的一粒灰尘还不如，更不会想到要珍惜它们的生命，甚至，如果它们不慎跑到我们的眼皮底下，只需一抬手，就可以满足我们毁灭它们的小小快感。事实上，如果换个位置想，此时，做蚂蚁的是你，而有人如此对待你，作何感想？

弘一法师独居桃源山中时，山鼠扰害，昼夜不宁。室中经书、衣物，甚至寺中佛像，常被老鼠噬咬，并在佛像上落粪。

弘一法师为避此患，便翻阅旧籍。书上记载饲鼠之法，云："饲猫之饭饲鼠，则可无鼠患。"大师便以米饭饲鼠，每日两次，每次开饭前敲钟通知。如此积以时日，鼠一闻钟声便出洞觅食，不复咬损寺中物件，亦不随处落粪。从此以后，彼此相安无事。

可能有人会说：鼠类生殖太繁，将来后患无穷。弘一法师劝慰道："以我多年饲鼠之经验，虽然看到它们屡生小鼠，但大半自然死亡，生存下来的不多，不足虑也。"

弘一法师每次饲鼠时，还为它们回向，愿它们早得人身，乃至速证菩提云云。并为此写下一篇《饲鼠免鼠患之经验谈》。

法师临终时，留下遗书，特意嘱咐弟子："去时将常用之小碗四个带去，填龛四脚，盛满以水，以免蚂蚁嗅味走上，致焚化时损害蚂蚁生命，应须谨慎。再则，既送化身窑后，汝须逐日将填龛小碗之水加满，为恐水干后，又引起蚂蚁嗅味上来故。"

临终前也一再叮嘱不要伤及蚂蚁，大师的菩萨心肠真是让人感叹。

1927年秋，弘一法师和学生丰子恺编绘《护生画集》，意在劝诫人们爱惜生命，不要随意杀生。1928年农历十一月的一天，弘一法师在行船上看到一只老鸭被关在笼子里，据鸭主人说这老鸭肉可以治病，此鸭正是送给乡间病者宰杀食肉的。弘一法师听后，倍感老鸭之不幸。他于是恳请船主替老鸭乞命，并表示愿意用三金赎老鸭。在他的救助之下，老鸭终于免其噩运，随大师一同下船。事后，弘一法师特意让丰子恺将老鸭的造型绘出，一并收入《护生画集》。弘一法师为此画的题词是："罪恶第一为杀，天地大德曰生。老鸭札札，延颈哀鸣；我为赎归，畜于灵囿。功德回施群生，愿悉无病长寿。"弘一法师对待护生的态度可谓郑重至极。

夏丏尊先生在十年后有这样的回忆："犹忆十年前和尚偶过上海，向坊间购请仿宋活字印经典。病其字体参差，行列不匀，因发愿特写字模一通，制成大小活字，以印佛籍。还山依字典部首逐一书写，聚精会神，日作数十字，偏正肥瘦大小稍不当意，即易之。期月后书至刀部，忽中止。问其故，则曰：'刀部之字，多有杀伤意，不忍下笔耳。'其悲悯恻隐，有如此着。"

人所能感受到的痛苦，动物也能感受到，也正因为如此，作为人类，不但不能因为自己有随意支配其他生命的能力就任意捕杀动物，相反，我们更应该以最悲悯的心来帮助和爱护它们。随着人类力量的增强和文明的进步，我们更应该拥有高层次的同情和关怀。

珍惜生灵，珍惜自然，珍惜我们的生存环境，也就是珍惜生命。

这并非对人提出更高层次的要求，也不是道德的完善，不是居高临下的施舍，而是人与自然和谐相处的必然要求，是大自然赋予人类的本能。自然赋予我们人的身份，并不是让我们凌驾于其他生命之上，对之生杀掳掠、做残忍之事。

我们都喜欢漂亮的花朵、美丽的风景、可爱的动物、清新的空气。可是，如果人人都不种花、爱花、护花，那么，这个地球上可能只是一片荒芜。现代人为了能够多赚钱，随意开设工厂，结果污染了清净的水源，让空气变成有毒的气体，而被我们毁坏的这一切，哪里是汽车、洋房这些东西可以弥补的？如果这个世界没有花朵、没有动物、没有空气，汽车洋房再多又有什么用呢？

珍惜生命就是珍惜自己。所以，我们在读弘一法师的故事时，就会感觉到这个老人把自己的生命融入到对世间万物的爱中去，使他的生命升华到与万物合为一体，即使到今天，我们仍然能感觉到这浓浓的爱，投注到我们每一个人的身上。

佛说众生平等，这就要求我们在生活中，用一颗慈悲之心来对待身边的每一朵花，每一棵草，甚至，每一粒米。慈悲的前提就是平等，只有当我们将自身与其他事物放在了同一高度，我们才能感他物之所感、痛他物之所痛，才能拥有与其他事物一样的感情。

2. 常怀感恩心，增加正能量

> 我在泉州草庵大病的时候，承诸位写一封信来，各人都签了名，慰问我的病状；并且又承诸位念佛七天，代我忏悔，还有像这样别的事，都使我感激万分！
>
> ——弘一法师《青年佛徒应注意的四项》

"感恩"在牛津字典中的注解是："乐于把得到好处的感激呈现出来且回馈给他人。"

我们从一生下来，就要接受这个世界的种种给予，如果没有这些给予，我们就不会成长，无法生存。每个人都应该为此而感恩。所以，星云大师说："一个人应该时时自忖：自己有何功德而能生存于宇宙世间，接受种种供给，不虞匮乏？因此，每一个人都要抱持感恩的胸怀，感念世间种种的给予。"

弘一法师在泉州草庵大病的时候，曾有人给他写了一封慰问信，言辞十分恳切，字里行间充满了关怀，而且朋友们还一起签了名，为他的病情进行祈祷。这一切令病中的弘一法师十分感动，以至于很多年后，弘一法师依然常常为此事而感谢他的朋友们。

俗话说："受人滴水之恩，当以涌泉相报。"人是需要懂得"知恩图报"的，感恩的第一步便是知恩，只有先知恩，才能去报恩。这也是我们人类与生俱来的本性，是一个人不可磨灭的良知。对父母的养育之恩、朋友的帮助、兄弟的关心，乃至大自然所给予的一切，我们都应该心怀无限的感激之情。对人生、对大自然的一切美好的东西，我们要心存感激，这样人生就会变得美好许多。

　　美国前总统罗斯福在没做总统之前，有一次家中失盗，一位朋友听说后，写了一封信安慰他。不久，朋友收到罗斯福的回信，信中说："我要感谢上帝，第一，贼偷去的是我的财物，而没有伤及我的性命；第二，贼只是偷了我的部分财物，而不是全部；第三，最值得庆幸的是，做贼的是他而不是我。"面对家中失窃的损失，罗斯福不但没有怒气冲冲或者心疼财物，反倒找出了三条值得感恩的理由。

　　一位哲人说："世界上最大的悲剧和不幸就是一个人大言不惭地说：'没有人给过我任何东西。'"只要你还活在这个世界上，就意味着你正在享受很多人提供给你的服务。如果你身体健康，没有疾病，饿的时候有食物吃，渴的时候有水喝，困的时候有床睡觉，冷的时候有衣服可以穿，你几乎就没有任何可抱怨的，因为你已经是一个非常幸福的人了。如果你仍然认为自己一无所有，或者不够幸福，这是因为你没有学会感恩。

　　在一次学术报告会上，一位女记者问霍金："霍金先生，卢伽雷氏症已将你永远固定在轮椅上，你不认为命运让你失去了太多吗？"想一想，霍金会怎样回答呢？

　　"我的手还能活动；我的大脑还能思维；我有终生追求的理

想；我有爱我和我爱着的亲人与朋友；对了，我还有一颗感恩的心……"霍金用自己仅有的一根还能活动的手指，在键盘上敲下了这段话。

这也正是霍金能够以高度残疾的身体创造出世界科学奇迹的原因。感恩的心，让他不再以怨恨的心看待世界，不再以自怜的眼睛看待自己，心在感恩中汲取力量，战胜身体极限，获得伟大的成就。

生活给予每个人的都不会太少，只要你好好珍惜其中的一二，并不断用心血去打造，你就能拥有生命的芬芳、骄人的成绩和幸福的生活。

不管多不幸的人，只要能生活在这个世界上，他就要心怀感恩。因为活着本身，就是一件值得感恩的事。每天早晨睁开双眼，我们就应该庆幸，真好，我还活着；起床，真好，我还可以站起来；上班，真好，我还没有失业。看，生活本身就是一件值得感恩的事。如果你已经失业了，而且今天生病了，起不来床，那至少，你还活着。如果你马上就要死了，至少，这个世界我温柔地来过。感恩，会让我们了无遗憾。

3. 若要世人爱你，你当先爱世人

誓舍身命，救度法界一切众生。

——弘一法师

李叔同发下宏愿："誓舍身命，救度法界一切众生。"但度化他人并不是一件容易的事情。人的性格、习惯都是在日积月累的生活中逐渐养成的，就连小孩子的性情都是很难改变的，更何况是成年人。习惯和思想早已经根深蒂固，需要极大的耐心才能够度化他人。

当我们看到别人犯了错误之后，我们会怎么办？冲上前去将他臭骂一顿，这固然可以解恨，但是却违背了度化他人的初衷，难以让人改正错误，只怕会使事情变得更糟。每个人都有自己的尊严，如果我们随意怒骂和惩罚他人，那么只会使我们与他人的距离越拉越远，反将度化的对象推向错误的深渊。这种情况是很常见的，比如，老师在教育学生的时候，发现有的学生做错了事，就一副恨铁不成钢的样子，怒气冲冲地将其责骂一顿，并且给予相应的处罚。那么这个学生有可能就会破罐子破摔，越陷越深，最终彻底没救。这说明，这种办法是行不通的。我们不妨换一个方式，用自己的爱心来感化那些犯错误的人，让他们意识到并改正自己的错误。

有一天，陶行知看到一名男生和同学打架，便及时制止了他，并让他到办公室去。陶行知回到办公室时，男生已经在那里等他了。于是，他掏出一颗糖来说："这颗糖是我奖励你有时间观念，按时到达，没有迟到。"接着又掏出一颗来说："这一颗是奖励你尊重老师，我让你住手，你就住手了，说明你很尊重我。"随后又掏出第三颗糖说："我刚才了解过了，你打同学是因为他欺负女生，说明你有正义感。所以，我要再奖励你一颗糖。"男生哭着说："校长，我知道自己错了。我不应该打同学，而是应该同他讲道理。"陶行知又掏出第四颗糖说："你知错能改，所以，我更要奖励你。"

在教育学生的过程中，陶行知先生没有责备学生一句，也没有说他哪里错了，而是用师长特有的温和方式，让学生主动承认了错误。其实，这样的事在生活中随处可见，棒喝未必能使人改过向善，而以善制善才是上乘方法。佛家认为，世上没有不可度化的人。凡人，皆有善念，只要有耐心和爱心，都可以使他们改过向善。

大德禅师一生都在度化他人，因他的感化而从歧途中走出来重获新生的人不计其数，然而他却一直没能度化自己的一个学生。这个学生有偷窃的坏毛病，禅师苦口婆心地教导他，但是他都是左耳进、右耳出，完全不当回事。有一次，这个学生因偷窃被别人抓住，失主带着他来找到禅师，那人因敬重禅师，于是把这个学生放了。

禅师的其他弟子感到既羞愧又愤怒，要求禅师惩罚这个学生。禅师本着宽大为怀的精神还是原谅了他，可是这个学生没多久又一次因偷窃被人抓住。禅师的其他弟子实在是忍无可忍了，他们坚决要求禅师将那个学生逐出师门，否则他们就一起离开。

禅师把学生们集中起来，他说："你们所有的人都能明辨是非，没有辜负我的教诲，我感到很欣慰。如果你们觉得无法忍受下去，可以离开，我对你们也放心。但是，我是不能不管他的，他是最需要我教化的一个啊！"

这个世界上没有不善良的人，一个人无论犯了多严重的错误，都不能说明他是无可救药的。佛家认为，一念天堂，一念地狱，恶人也有心生慈悲的时候。所以，真正善良的人，即使对作恶的人，也能够宽容，用自己的善良去度化他。即使不能度化，也不会因此而生嗔怪之心。一般人在遇到坏人时，往往心生怨怼，其实，是不必要的。

夏丏尊先生曾回忆说："有一次宿舍里学生失了财物，大家猜测是某一个学生偷的，检查起来，却没有得到证据。我身为舍监，深觉惭愧苦闷，向他（李叔同）求教；他所指示我的方法，说也怕人，教我自杀！他说：'你肯自杀吗？你若出一张布告，说做贼者速来自首，如三日内无自首者，足见舍监诚信未孚，誓一死以殉教育，果能这样，一定可以感动人，一定会有人来自首。这话须说得诚实，三日后如没有人自首，真非自杀不可。否则便无效力。'这话在一般人看来是过分之辞，他说来的时候，却是真心的流露，并无虚伪之意。我自惭不能照行，向他笑谢，他当然也不责备我……"

昙昕法师回忆道："弘一法师在泉州温陵养老院时，当时该地鼠疫症猖狂，死人无数，每天都可看到棺材在搬进搬出。记得那时是8月14、15、16数日，大师在泉州为众人讲经，我负责通译。那时大师亦中暑毒，人觉得不太好。三日的讲经，加上外头瘟疫流行，当时我自己亦感到身体十分不适。等我自己的身体较好时，立刻带了些金银花、甘草之类的药草去给他吃，以便驱除暑毒。但他拒食，并对我说：'我要替闽南人赎罪，如果我一个人死了，能减少闽南人的苦痛，那么这种痛苦对我是好的。'我听他如此说，劝他别如此做。因为鼠疫与虎烈拉这两种流行疫可不是好玩的。同时也告诉他，这个尘世是需要他的。而大师却对我说：'我一个人活在世上又能起什么作用呢？不如去西方极乐世界再回来婆娑世界力量就更大！'"

这样的爱才是大爱。弘一法师是为了度化世人而出家的，而度化世人，也成为他一生的修行目标。做好事并不是很难，往往只是举手之劳。比如，我们把过剩的衣物捐给慈善机构，分一些钱给无家可归的人，帮助别人会让我们身心安宁，使我们觉得自己的生命更圆满、更快乐。只要我们养成了随手做好事的习惯，就会体会到生命的大快乐。你会发现，生活里的很多烦恼都不见了。因为我们的心灵在做好事的过程中，得到了升华，得到了净化。反之，如果我们只关心自己，就会有傲慢、嫉妒、计较等种种不良情绪，使内心充满负能量。

这个世界上还有很多人处于困苦中，他们三餐不继、温饱不能，或者，因为一场灾难使他们倾家荡产、妻离子散。善良的人们不愿意眼睁睁看着他们死于饥渴和疾病，会伸出自己的双手去帮助他们。当我们张开双手时，象征着爱和奉献，当我们握紧双手时，意味着我们惧怕失去，即使你手中握有的是一枚金子，你仍然是不幸的、贫穷的。

我们不够圆满、不幸福，心里有怨怼，是因为我们没有慈悲心，不关爱众生，没有感觉到跟他们的联系，也无法跟宇宙意识沟通。所以，我们必须觉醒，让自己成为圆满的人。

若要世人爱你，你当先爱世人，帮助他人就是帮助自己。事实上，当我们付出时，你得到的远比付出的还要多，因为你得到的是发自内心的幸福。帮助他人，会使我们获得存在感，获得生命真正的意义。因此，我们要帮助有困难的人，包括动物在内！这时候，你会发现，你正在成为完美的人，而你，也将拥有更强大的力量。

4.终身让路，不失尺寸

忍与让，足以消无穷之灾悔。古人有言："终身让路，不失尺寸。"

——弘一法师《格言别录》

人生没什么不可放下：弘一法师的人生智慧

让，就是谦让，谦让就是不要为蝇头小利去斤斤计较。与人交往时，要学会有理让三分，不要得理不饶人；发生矛盾冲突时，要学会退让。所以，《菜根谭》中有云："路径窄处，留一步与人行；滋味浓的，减三分让人嗜。"在道路狭窄之处，应该停下来让别人先行一步。只要心中经常有这种想法，那么人生就会快乐安详。

清朝年间，有个叫张英的人在朝为官。老家桐城的老宅与吴家为邻，两家府邸之间有个空地，供双方来往交通使用。后来吴家建房，要占用这个通道，张家不同意，双方将官司打到县衙门。县官考虑纠纷双方都是官位显赫的名门望族，不敢轻易了断。

在这期间，张家人写了一封信，给在京城当大官的张英，请他出面干涉此事。张英收到信件后，给家里回信中写了四句话：

"千里修书只为墙，让他三尺又何妨？万里长城今犹在，不见当年秦始皇。"

家人读罢，领会了张英的用心，主动让出三尺空地。吴家见状，觉得很不好意思，也主动让出三尺房基地。这样，两家之间就形成了一个六尺的巷子。邻里礼让之举自此传为美谈。

不过，喜欢计较的人大多都不认为自己喜欢计较。相反，认为对方太过计较，揪着你不放，凭什么他跟你较真儿、占你的便宜？看咱俩谁能拧得过谁？就像两头斗牛，瞪着红眼，你不让我，我不让你，就此杠上了。你赢了，洋洋得意；他赢了，你心里不爽。其实，就算你是赢家，那较劲的过程真的很享受吗？有多少人是弄了一身伤才赢得了这场斗牛比赛的？

虽说人为一口气，但有的人就为了一口小气，最后搞得自己累、别人累、大家累，谁也得不了便宜，谁也顺不了这口气。谁是赢家？大度地说"算了吧，何必为这些鸡毛蒜皮的小事计较"的那个人就是最后的赢家。

有一个年轻的主妇向朋友抱怨自己的生活单调、无趣……她举例说，她刚刚铺好床，床马上就被弄乱了；刚刚洗好碗碟，碗碟马上就被用脏了；刚刚擦净了地板，地板马上就被弄得乱七八糟。她说："你刚刚把这些事做好，不久便会被弄得像是未曾做过一样。"她进一步抱怨道："再这样下去，我简直要发疯了！"

年轻主妇的朋友是一个相当聪明的人，他不动声色地说："这真是令人扫兴，有没有妇女喜欢家务劳动？"

她说："有的，我想是有的。"

这位朋友又问："每个家庭主妇都会遇到和你一样的问题，有没有办法做一个快乐的主妇呢？"

主妇思考了片刻回答道："不计较。"

生活中的小事，只要不是原则性的大事，得过且过又何妨？事事计较、精于算计的人，不但容易损害人际关系，从医学的观点看，对自己的身体也极其有害。在非洲大草原上，有一种极不起眼的动物叫吸血蝙蝠。这种蝙蝠靠吸动物的血生存。它身体很小，却是野马的天敌。它常附在马腿上，用锋利的牙齿极敏捷地刺破野马的腿，然后用尖尖的嘴吸血。无论野马怎么蹦跳、狂奔，都无法驱逐蝙蝠。蝙蝠却可以从容地吸附在野马身上、落在野马头上，直到吸饱吸足，才满意地飞去。而野马常常在暴怒、狂奔、流血中无可奈何地死去。动物学家们在分析这一问题时，一致认为，吸血蝙蝠所吸的血量是微不足道的，远不会让野马死去，野马的死亡是由于它暴怒的习性和狂奔所致。

生活中，大家在一起交流工作学习，难免会产生一些意见或矛盾。但是，如果经常为一些鸡毛蒜皮的小事争得面红耳赤，谁都不肯服软认输，那么最终会因为这点小事而大打出手，彼此伤了和气。其实事后静下心来想想，如果当时能够彼此后退一步、忍让三分，自然会大事化小、小事化无。

事实上，越是有理的人，如果表现得越谦让，就越能显示出他胸襟坦荡、富有修养，反而更能得到他人的钦佩。

5. 吃亏是福：最朴素的幸福哲学

古时有贤人临终，子孙请遗训，贤人曰："无他言，尔等只要学吃亏。"

——弘一法师《格言别录》

林退斋是著名的儒学家，官至尚书。他临死的时候，子孙们都跪在床前，请求遗训。林退斋说："没有别的话！你们只要学会吃亏。""吃亏"到底有怎样的精妙，值得一个人临终前特意交代给子孙呢？林退斋作为一介大儒，投身于官场几十年，临终前的这句话应该是他一生人生经验的总结。

在中国传统思想中，有"吃亏是福"一说，这是中国圣人总结出来的一条为人处世的经验。清代画坛"扬州八怪"之一的郑板桥，曾留下两句四字名言，一句是"难得糊涂"，另一句是"吃亏是福"。"吃亏"，就是放下争利之心，放下争利之心，就是放下烦恼。所以愿意吃亏，乐于吃亏的人，都比较快乐。倘使一个人能用外在的吃亏换来心灵的平和与宁静，那无疑就获得了人生的幸福。

《泉州日报》有一位社长，是丰子恺的学生。他一向很尊敬弘一法师，对法师照顾得无微不至。但他并不十分了解法师。他知道大师常常到孤儿院去，那所孤儿院的院长名叫叶青眼。这位社长就对法师说："老法师啊，你不要随便给叶青眼利用啊！他可能利用你的名字去做招牌，在外头搞钱！"弘一法师听了，同他说："居士，我能够有这种价值吗？若有，被他利用也好。我能够为这些孤儿及老人筹些钱，即使我弘一被他卖了都好！能够被他卖多少钱，我也愿意啊！"说者与旁听者都因大师当时的幽默感而笑了出来。事后，大师说如他真能为这些孤儿老人做点事，真的是给那院长卖了，他也情愿。

可惜，在生活中真正愿意吃亏的人并不多，反之，不愿意吃亏、毫厘必争的倒大有人在。有吃亏的就有占便宜的，人们都想占便宜，都不愿意吃亏，所以，便造成了人和人之间经常为了谁多占了便宜，谁吃了亏闹得不可开交，也成为我们生活不快乐、人际关系不和谐的主要原因。那么，"吃亏"的好处在哪里呢？为什么我们感觉不到"吃亏"的福气呢？

安东尼·罗宾谈起华人首富李嘉诚时说："他有很多的哲学我都非常喜欢。有一次，有人问李泽楷，他父亲教给他成功赚钱的秘诀是什么。他说，父亲并没有教给自己赚钱的方法，只教了做人处世的道理。李嘉诚这样跟李泽楷说，如果他和别人合作，假如他拿七分合理，八分也可以，那李家拿六分就可以了。"

他让别人多赚二分，自己少赚二分，可是，这又有什么关系呢？李嘉诚并没有因此而成为穷人。相反，他越来越富有了。因为和李嘉诚合作过的人都会知道，从李嘉诚那里可以多赚二分，所以，他们只愿意和他合作。你想想看，虽然他只拿六分，但现在多了一百个人，他现在多拿多少分？假如拿八分的话，一百个会变成五个，结果是亏是赚可想而知。这也是"吃亏是福"的一种表现。有些做生意的人，千方百计要占客户的便宜，客户一旦察觉，不但要找上门来，还会中止和他的合作，其实，长远来看，占便宜对自己一点儿好处都没有。做事有长远计划的人，不会只计较自己的收获，而是懂得在适当的时候舍弃。因为他们知道，有时候"吃亏"并不是一种灾难，只有学会舍弃，才能有更多的收获。

当然，懂得"吃亏是福"的人，并没有这样的"城府"。别人比自己多占了一点，自己少占一点，别人开心了，自己便开心了。

罗德·温尔曼是巴西最著名的高尔夫球手，他精湛的球技可谓无可挑剔。不过，球场上所向无敌的他在生活中却是一个糊涂虫，经常被人骗，吃了不少亏。一天，温尔曼刚打完一场南美锦标赛，当他接受完记者的采访后，马上走向停车场，准备开车回俱乐部。就在这时，一位一脸憔悴的年轻女子向他走来。在向温尔曼表示祝贺之后，她说自己的孩子现在病得很重，正躺在附近的一家大医院，如果得不到及时的治疗，也许很快就会死去，但是她却支付不起高昂的医药费。

温尔曼被孩子的命运揪住了心，他二话没说，当即掏出笔签了一张5万美元的支票递给女子，并祝福她的孩子早日康复。

一个星期之后，温尔曼在一家俱乐部进午餐时，从一位职业高尔夫球联合会的官员口中得知，那个自称孩子病得很重的女人其实是个骗子，这一切都是她设下的一个骗局。也许，读到这里，你会想，温尔曼听到这个消息后一定会后悔不已，气愤难当。然而，温尔曼却长长地吁了一口气，脸上露出了笑容："感谢上帝，那个孩子没有生病，这是我一周以来听到的最好的一个消息了！"

温尔曼损失了5万美元，可是，他非但不觉得自己吃了亏，反而觉得很高兴。因为，和自己被骗同一个孩子马上就要死了二者之间进行比较，他宁愿自己被骗，宁愿自己吃亏。这样的人不幸福才怪。

生活中，吃亏是在所难免的。吃点儿小亏算什么事呢？"吃亏是福"，是一种潇洒的生活态度，也是一种做人的方法。在小利小事上乐于退让，主动吃点儿亏，免了生闲气、起纷争，大家和和气气，这难道不是一种福气吗？

辑九

华枝春满，天心月圆

1. 懂得谦虚学习，便能不断成长

我出家以来，在江浙一带并不敢随便讲经或讲律，更不敢赴什么传戒的道场，其缘故是因个人感觉着学力不足。

——弘一法师《律学要略》

弘一法师才德兼备、德高望重，深受世人爱戴，但他本人非常谦虚。他在一次讲课前，谈到自己的内心感受时说："我出家以来，在江浙一带并不敢随便讲经或讲律，更不敢赴什么传戒的道场，其缘故是因个人感觉着学力不足。三年来在闽南虽曾讲过些东西，自心总觉非常惭愧的。这次本寺诸位长者再三地唤我来参加戒期盛会，情不可却，故今天来与诸位谈谈，但因时间匆促，未能预备，参考书又缺少，兼以个人精神衰弱，拟在此共讲三天。"

弘一法师在教书期间，总是这样教育学生："尽管你有很大的功劳，都会被自夸自大毁了前程；当你犯了大的罪恶，如果不知道反悔也会毁了前程。"自大让我们看不清自己，使那些原本有才学的人陷入失败的境地。这是为什么呢？

谦虚不是作秀，不是说在别人面前把自己表现得很低调就是谦虚了。谦虚是一种心态，是发自内心地认为自己做得还不够；发自内心地愿意向别人求教、学习，使自己不断地进步。

有一个人拜一位世外高人为师，苦学三年，感觉自己已经学识渊博，感到自己已经当世难敌，甚至远远超过自己的老师，心里非常得意。于是，他去向老师拜别，老师什么话也没有说，只是用树枝在地上画了一个大圆，又在大圆里画了一个小圆。这个人不明老师的用意，老师却微闭着眼睛，捻着银须不发一言。

停了半天，老师才睁开眼睛说："这个小圆是你刚开始的学识。那时候的你，知道自己几斤几两，没有在自己画的这个圆里故步自封。这个大圆则是现在你的学识。虽然你已经远远突破了原来的自己，但是，你现在却成为一个画地为牢的人。你没能看到圆之外还有更多你没有了解的东西。我的圆画得越大，就会明白自己懂得越少。"

牛顿在听到有人称赞自己时，曾说："在我自己看来，我只不过是在海边玩耍的小孩，为不时发现比寻常更美丽的贝壳而沾沾自喜，而对于我面前浩瀚的大海，却全然没有发现。"谦虚并不是故作的姿态，而是像牛顿这样，发自内心地认为自己所知道的还不够多，永远保持着学习向上的心态。

弘一法师经常向人请教，阅读经典，熟习戒律，到处游学，直到生命的终结，他都没有自满过，也没有停止过学习。弘一法师认为，谦虚能够使人时时警醒，及时发现自己的不足，抓住一切学习和进步的机会。

有一次，一个名叫刘绵松的居士写信给弘一法师，说要编大师的文钞。法师请昙昕法师回信给这位居士："印光大师可用文钞宣扬佛法，但弘一不成噢。弘一不是印光大师。因为印光大师已熟悉佛法，已到达很完满的境界，所以他能以文钞来弘扬佛法。同时亦能通过其文钞而使不少人皈依。但弘一无法做到。弘一只能以艺术来弘扬佛法，好像《护生画集》啦，佛曲啦，书法啦，音乐艺术等东西来弘扬佛法。"他再三叮嘱昙昕法师，在复信给刘居士时，请他千万别编他的文钞。

这是一种发自内心的谦卑，想想我们多少人，想方设法要使自己出名，有六七分才气便要在外人面前装扮成十分才气。觉得自己所说所做皆正确无比，好为人师。所以，这样的人做事常常止于表面，或者做到一定程度就故步自封。

隐峰禅师师从马祖禅师3年，自以为得道高深，于是有些洋洋得意起来。他备好行装，挺起胸脯，辞别马祖，准备到石头希迁禅师处试禅道。

马祖禅师看出隐峰有些心浮气傲，决定让隐峰碰一回钉子，从失败中获得教训。临行前马祖特意提醒他："小心啊，石头路滑。"这话一语双关：一是说山高路滑，小心石头摔了栽跟头，实际却是说那石头禅师机锋了得，弄不好就会碰壁。

隐峰却不以为意，扬手而去。他一路兴高采烈，并未栽什么跟头，不禁更加得意了。一到石头希迁禅师处，隐峰就绕着法座走了一圈，并且得意地问道："你的宗旨是什么？"石头连看都不看他一眼，而是两眼朝上回答道："苍天！苍天！"（禅师们经常用苍天来表示自性的虚空。）隐峰无话可对，他知道"石头"的厉害了，这才想起马祖说过的话，于是重新回到马祖处。

马祖听了事情的始末，告诉隐峰："你再去问，若他再说'苍天'，你就'嘘嘘'两声。"石头用"苍天"来代表虚空，到底还是有文字的，可这"嘘嘘"两声，不沾文字！真是妙哉！隐峰仿佛得了个法宝，欣然上路。

他这次满怀信心，以为天衣无缝了，他还是同样的动作，问了同样的问题，没想到石头却先朝他"嘘嘘"两声，让他措手不及。他呆在那里，百思不得其解。怎么自己还没嘘出声，就被噎了回来？这次他没有了当初的傲慢，丧气而归。他毕恭毕敬地站在马祖面前，听从教诲。马祖点着他的脑门说："我早就对你说过：'石头路滑'嘛！"

美国心理学家卢维斯曾给谦虚下了一个定义："谦虚不是把自己想得很糟，而是完全不想自己。"

2. 所有面向苦难的修行，都是为了更好地活着

人生最后一段大事，岂可须臾忘耶。今为讲述，如下所列。当病重时，应将一切家事及自己身体悉皆放下。

——弘一法师《人生之最后》

弘一法师在临终前写下"华枝春满，天心月圆"的话，法师留下的字句不多，却是真正的参悟，只可意会，而无法言传。但可以肯定的是，这必是法师对人生境界的一种开示。只要想想，那花枝上满满的春意，蓝色天空中一轮圆圆的明月悬于其中，就足够了！

生老病死是每个人都不能超越的自然规律，然而世人却总是不能参透。因此，佛家将其列入了人生"七苦"之中。看不破生死成了很多人一生痛苦的根源。不仅是人，任何一种生命体都是既有其生，就必有其死的，即使像乌龟一样长寿，也有死亡的一天。大多数人都厌恶死亡，希望自己能够长生。但是自然规律是不可逆转的，谁也不能享受特殊的待遇，人都会死亡，不同的是死亡的时间。有的人活得久些，有的人活得短暂些，但大多不会超过百年。看不破生死的人，便会畏惧死亡，担心自己过早地死去，但人终究

要面对这一天，只是，面对的时候，我们才发现，自己竟然没有好好地活过。或者，因为活得太好，不免留恋。只是，不管你是留恋还是悔恨，总是要死的。在你留恋或者悔恨的时候，你活着的时间又少了一刻，倒不如利用那一刻，赶紧做点儿事情。

没有人知道人死后是什么样子的，活着的人只知道，死是无法阻挡的，那一刻终究是要来的。

法师在临终时，曾留书于后人说：

自己所有衣服诸物，宜于病重之时，即施他人。

若病重时，神识犹清，应请善知识为之说法，尽力安慰。举病者今生所修善业，一一详言而赞叹之，令病者心生欢喜……

（临终时）临终之际，切勿询问遗嘱，亦勿闲谈杂话。恐彼牵动爱情，贪恋世间，有碍往生耳。若欲留遗嘱者，应于康健时书写，付人保藏。

命终前后，家人万不可哭。哭有何益，能尽力帮助念佛乃于亡者有实益耳。

殓衣宜用旧物，不用新者。其新衣应布施他人，能令亡者获福。

不宜用好棺木，亦不宜做大坟。此等奢侈事，皆不利于亡人。

法师在交代后事时，特别要弟子注意两点：

一、如在助念时，看到眼里流泪，这并不是留恋世间，挂念亲人；而是说，那是一种悲欣交集的情境所感。

二、当他的呼吸停顿，热度散尽时，送去火葬，身上只穿一条破旧的短裤。遗骸装龛时，要带四只小碗，准备垫在龛脚上，装水，别让蚂蚁昆虫爬上来。

法师特意嘱托弟子，除了一条破短裤，死后不要带走一点儿于活人有用的东西。因为对一个人来说，死后，他的躯体已经不需要穿衣服了，衣服还是留给那些需要的人吧！想想世人，死时不仅要厚葬，带走世上的许多金银财宝，还要占上一块风水宝地，生时贪不够，死后还要抓住一些东西不放。死时都放不下的人，活着的时候，他能放下什么呢？人背着那么多的贪念，真的能够幸福吗？更有一些生者，以为死者生前没有享受过，所以，死时便给他一个奢华的葬礼。可惜，这时候，无论有多少美食、华衣，死者也享用不到了，再华美，也不过是给活着的人看罢了。"我圆寂以后，照我的话做。我这个臭皮囊，处理的权力，全由你哩，莲师！请你照着世间最简单、最平凡、最不动人的场面安排。我没有享受那份'死后哀荣'的心。一切凭吊，都让他们免了！"

临终前的两天，弘一法师写下"悲欣交集"四个字，交给弟子妙莲法师。

"悲欣交集"，便是又悲又喜；又悲又喜，就是不悲不喜。这四个字，亦是不可言传的偈语。能体会者，亦是有大境界的人吧！

弘一法师圆寂后，夏丏尊先生收到法师寄给他的一封信："丏尊居士：朽人已于九月初四迁化，现在附上偈言一首，附录于后：

'君子之交，其淡如水；执象而求，咫尺千里。问余何适，廓而忘言；华枝春满，天心月圆。'"

法师的后半生，过着衲衣竹杖、芒鞋破钵的僧侣生活，他的偈句却有着说不出来的华美。这种华美自然不是物质上的，亦不是精神上的，那是一种境界，一个人，把灵魂寄放在躯体之内，却不着一物的华美。

3.多情至极是无情

隔断红尘三万里，先生自号水仙王。

——弘一法师《初梦》

人生没什么不可放下：弘一法师的人生智慧

弘一法师出家以后，曾托友人将其在东京留学期间结识的日籍妻子送回日本。其妻不能接受，找到李叔同在上海的老朋友杨白民，提出要到杭州去见一见李叔同，并请求杨白民立即带她到杭州去。杨白民无奈，只好带着她来到杭州，安顿下来后，他只身先到虎跑寺去通报。

弘一法师见妻子已经来了，也就不好回避，于是，他们在杭州西湖边上的一家旅馆里见面了。杨白民自管去散步，留下了这一对平日相爱的夫妻。交谈过程中，李叔同送给日妻一块手表，以此作为离别的纪念，并安慰说：

"你有技术，回日本去不会失业。"

会面结束后，李叔同就雇了一叶轻舟，离岸而去，连头也没有再回一下。日籍妻子见丈夫决心坚定，知道再无挽回的可能，便望着渐渐远去的小船痛哭失声。她一个人离开了中国，回到日本，此后再无任何消息。

世人大概觉得，法师抛妻弃子，绝尘而去，未免无情。这是法师的选择，而法师对妻子说："你有技术，回日本去不会失业。"亦可见，法师并非无情至极，他早已为妻儿做了打算。换言之，既然已经出家，尘世的李叔同已死，连"李叔同"都已经放弃的人，还有什么不能放下呢？此中机缘，怎是一个情字可以了得？一旦出家，妻儿也好，乞丐也罢，都是"居士"，并无二致。

庄子曰："有人之形，无人之情。"意思是我们只需要具备人的形状就可以了，无需有人的七情六欲。无情不是没有情，而是无俗情。无情者无畏，可以完美一生。"情"是世人痛苦的根源，也是幸福的根源。所以，出家人首先要斩断的便是"情"。还卿一钵无情泪，恨不相逢未剃时。

"一切有情，皆无挂碍。"民国时另一位大师苏曼殊临终前写下这样的偈句，亦是难解。这个身披佛衣的男子，也许，至死都没有真正放下。他的多情亦让人觉得"无情"，他用情太多，乃至伤了自己，他逃离尘世，但所受的伤痛，已经对他的身体造成了无法修复的伤痛。但我想，在圆寂前，苏曼殊应该放下了，从这句偈语我能感觉到，他放下了一切"有情"，终于"挂碍"。这样的修行也是圆满的。

弘一法师放下七情六欲，却对众生慈悲，哪怕临终前，亦惦念着无辜的蚁虫，无衣的穷人。他的出家，正是为了成就世间的大爱。这是真正的"有情"。

有一年冬天，接连下了三天的大雪。齐景公披着狐腋皮袍，坐在厅堂欣赏雪景，觉得景致新奇，心中盼望再多下几天，则更漂亮了。晏子看着皑皑白雪，若有所思。

齐景公对晏子说："下了三天雪了，一点儿也不冷，倒好像是春天要来了。"晏子问道："真的不冷吗？"齐景公诧异地盯着他点了点头。晏子说："我听闻古之贤君：自己吃饱了要去想想还有人饿着，自己穿暖了还有人冻着，自己安逸了还有人累着。可是，你怎么都不去想想别人啊！"齐景公这才明白晏子的意思。

多情之人并非对自己人多情，而是对天下人多情，将对自己人的情感转化为爱天下人的情感，这是一个困难的过程。因为我们凡夫俗子总是会将爱己之心放在首位。在没有保障自己的同时，很难做到推己及人。甚至有些人在自己幸福之后，依然不将天下人的生死放在眼里。

世人都强调自己是为了一个情字而活，然而这个情字是有很多不同的含义的，每个人心中的情字都有着不同的释义。有的人强调的就是小情，也就是为自己的私人情感而活，关心父母、关爱家庭，一生为家庭而奋斗不止；有的人则强调的是大情，也就是爱世人之情，以天下为己任，以天下的悲哀喜乐为悲哀喜乐，为泽被苍生而放弃私情。无论是选择小情还是大情都是无可厚非的，这只是人生的两种境界而已。普通人能为小情而活，已然了不起，只有那些拥有广阔的胸襟和大智慧的人才能为大情而活，多情至极而为无情。

有人总结了无情有十重境界，详述如下：

一分无情，可以省事。

二分无情，可以省心。

三分无情，可以清静。

四分无情，可以减少恩怨情仇。

五分无情，可以真正地去爱人。

六分无情，情人互赏之。

七分无情，是多情。

八分无情，是绝情。

九分无情，是痴情。

十分无情，有真情。

4. 追求不圆满的人生

不论什么事，总希望他失败，失败才会发大惭愧！倘若因成功而得意，那就不得了啦！

——弘一法师《南闽十年之梦影》

晚年的弘一法师在谈到自己时，说自己近来依旧喜欢那些记载善恶因果报应和佛菩萨灵感一类的书。他经常会静下心来省察自己，发现自己越来越不像原来的自己了。弘一法师希望自己的品行道德一天高尚过一天，希望能够做一个改过迁善的好人。他在为自己的闽南之行总结时曾经说过：

"回想我在这十年之中，在闽南所做的一切事情，成功的却是很少很少，残缺破碎的居大半。所以我常常自己反省，觉得自己的德行实在欠缺。因此，近来我自己起了一个名字，叫'二一老人'。"

对于"二一老人"这个称号的由来，他解释道："什么叫'二一老人'呢？这根据的是古人诗句'一事无成人渐老'，和清初吴梅村临终前的诗句'一钱不值何消说'，这两句的开头都有

'一'。我一年来在闽南所做的事情，虽然不完满，而我也不怎么去求它完满了！"为什么这样说呢？

弘一法师说："我只希望我的事情失败，因为事情失败、不完满，这才常常使我发大惭愧！能够晓得自己的德行欠缺，自己的修善不足，那我才可努力用功，努力改过迁善！一个人如果事情做完满了，那么这个人就会心满意足，洋洋得意，反而增长他贡高我慢的念头，生出种种的过失来！"

也许没有人会认为自己的人生是完美的，其实弘一法师也同样不例外。他在自己的花甲之年也同样发出了"像我出家以来，既然是无惭无愧，埋头造恶，所以到现在所做的事，大半支离破碎不能圆满"之辞来表达自己对人生不完美的感慨。

佛说，我们这个世界是"娑婆世界"，这个世界中的所有事物都是不圆满的。因此，人要正视自己的不圆满，不要过度追求圆满。

很多时候，人生并不总是因为全部拥有就感到幸福，相反却因此而失去了很多的美丽。人生也正是因为这许多的缺憾才使得未来有了无限的转机和可能。

的确，生命就像是一首高低起伏的乐章，高低错落才会显得生动而鲜活，所谓"如不如意，只在一念间"。人生的真相便是"不如意之事十有八九"。人生的不圆满是需要我们去面对和承认的事实，但另一方面，我们也可以换一个角度来对此进行分析，其实人生的缺陷和不圆满也是一种美，太过一帆风顺、太过于完美，反而会令我们感到无限腻味、心生厌倦而不珍惜了。

何止人生，世界上根本就没有绝对完美的事物，完美的本身就意味着缺憾。其实，完美总包含某种不安及少许使我们振奋的缺憾。最辉煌的人生，也有阴影陪衬。我们的人生剧本不可能完美，但是可以完整。当你感到了缺憾，你就体验到了人生五味，便拥有了完整人生——从缺憾中领略完美的人生。

在这个世界上，每个人都有自己的缺憾。只有缺憾的人生，才是真正的人生。

法国诗人博纳富瓦说得好："生活中无完美，也不需要完美。"我们只有在鲜花凋谢的缺憾里，才会更加珍视花朵盛开时的温馨美丽；也只有在泥泞的人生路上，才能留下我们生命坎坷的足迹。

人生，永远都是缺憾的。本来这个世界就是有缺憾的，如果没有缺憾就不能称其为"人世间"。在这个缺憾的世间，便有了缺憾的人生。因此苏东坡有词云："月有阴晴圆缺，人有悲欢离合，此事古难全。"

台湾作家刘墉先生有一个朋友，单身半辈子，快50岁了，突然结了婚，新娘跟他的年龄差不多，徐娘半老，风韵犹存。只是知道的朋友都私下议论："那女人以前是个演员，嫁了两任丈夫都离了婚，现在不红了，由他捡了个剩货。"话不知道是不是传到了他朋友耳朵里！

有一天，朋友跟刘墉出去，一边开车，一边笑道："我这个人，年轻的时候就盼着开奔驰车，没钱买不起。现在呀，还是买不起，买辆二手车。"他开的确实是辆老车，刘墉左右看着说："二手？看来很好哇！马力也足。"

"是啊！"朋友大笑了起来，"旧车有什么不好？就好像我太太，前面嫁了个四川人，又嫁了个上海人，还在演艺圈20多年，大大小小的场面见多了。现在，老了，收了心，没了以前的娇气、浮华气，却做得一手四川菜、上海菜，又懂得布置家。讲句实在话，她真正最完美的时候，反而都被我遇上了。"

"你说得真有理，"刘墉说，"别人不说，我真看不出来，她竟然是当年的那位艳星。"

"是啊！"他拍着方向盘，"其实想想我自己，我又完美吗？我还不是千疮百孔，有过许多往事、荒唐事！正因为我们都走过了这些，所以两个人都成熟，都知道让，都知道忍，这不完美正是一种完美啊！"

人生原来就是不圆满的，能够认识到这一点，我们便不会去苛求我们的人生，也不会去苛求他人。只有一个懂得接受的人才会更懂得去珍惜。

人的弱点总是与优点相伴而生。雷厉风行的男人可能粗率，文静的女孩可能不善于交际；体贴的男人可能太过细腻，有主见的女人则多固执。正如苏东坡希望"鲈鱼无骨海棠香"的那种完美，而在现实中恰恰是：鲈鱼鲜美却多骨，海棠娇媚但无香。

面对人生缺憾，清人李密庵主张所谓"半"的人生哲学，日本有一派禅宗书道在挥毫泼墨时总留下几处败笔，都是旨在暗示人生没有百分之百的圆满完美。更有日本日光东照官的设计者因为自觉太完美，恐怕会遭天谴，故意把其中一根梁柱的雕花颠倒。

"月盈则亏，水满则溢"，完美状态也是可怕的。这世界上的事物不仅相辅相成，也相反相成。人的运气若是太好，另一种概率就会在负极聚集，所谓物极必反、乐极生悲，故智者"求缺"。

人生缺憾的必然性要求我们学会放弃。为了那些不能放弃的生命中重要的事情，我们必须放弃那些生命之外可以放弃的东西。是的，完美的人生不是拥有一切，而是在人生的不完美与不圆满中学会去珍惜所拥有的，并且去宽容人生的不完美或者不圆满。所以，如果愿意，转个念头，我们也可以赞叹星空灿烂的当下，换来如意人生，并且去接受世间种种的不完美与不圆满。

如果你不能接受生命的不完美，你也就没有资格获得完美的人生。因为"完美"本身就包含缺陷、错误、否定、失败等这些不完美的字眼儿。只有接受生命的不完美，为生命能继续运转而心存感激，才能成就"完美"的生活。

5. 以出世的精神，做入世的事业

佛法并不是普通人看得到的。这个佛法虽然是出世间，但它还有一部分是入世间，并不是常常枯燥无味。枯燥的生活不是真正的佛法生活。真正的佛法生活是既出世而又入世，既入世而出世的。这个才是佛法的双行。

——弘一法师

朱光潜先生曾用一句话评价弘一法师，即："以出世之精神，做入世之事业。"因为他出世并非不问世事。如在抗战期间，他鲜明地提出了"念佛不忘救国，救国不忘念佛"的主张。所以，他出世并非厌世，也非逃避，只是对诗意栖居人生境地的一种追求而已。难怪张爱玲会感叹："不要认为我是个高傲的人，我从来不是的——至少，在弘一法师寺院的围墙的外面，我是如此地谦卑。"

出世，是为了达到"无我"的境界，能无障碍地做入世的事业。《省心录》说："必出世者，方能入世，不则世缘易堕；必入世者，方能出世，不则空趣难持。"南怀瑾在《宗镜录略讲》里说，出世和入世是佛法大乘的精神道理所在，要想出世，必须曾深入世间，透彻人情世故，洞悉世间理法，然后才能谈出世，修炼跳出世间困扰的出离心；入世，往小里说是要创造事业，往大里说就要济世救人。没有出世的真精神、真心性，就谈入世的圣人事业，容易被世间因缘牵引堕落。

南怀瑾在《狂言十二辞》中以亦庄亦谐的笔调说："以亦仙亦佛之才，处半鬼半人之世。治不古不今之学，当谈玄实用之间。具侠义宿儒之行，入无赖学者之林。挟王霸纵横之术，居乞士隐沦之位。誉之则尊如菩萨，毁之则贬为蟊贼。书空咄咄悲人我，弭劫无方唤奈何。"

弘一法师主张要从出世以后再回到入世，"看破红尘"以后再回到红尘，经过一次升华而达到返璞归真，如此才会"以出世精神，做入世事业"。为此，他十分崇拜具有这种境界的高人——王安石，因为他努力救世，不计得失，进退疾徐，从容无比，是具有真佛心的特立独行者、大丈夫。

据昙昕法师回忆："在大师后期有一个年轻人叫李芳远常和大师接近，但由于他年轻不懂事，不知大师的为人。当时就是因一时口快，差点儿惹出事来。事因乃当时大师正到处宣扬佛法，这个李芳远居士就写了几封长信给弘一法师，指责大师的不是，说大师不过是个应赴僧，和其他普普通通的僧侣一般罢了。大师看完他的信之后，长叹一声对我说：'芳远居士不了解我，他也不了解佛法是什么。请你帮我写一封信告诉他：他的意见是很好的，但在这个动乱的时期，我们应当多多去弘扬佛法。'

"弘一法师曾要我转告他：'佛法并不是普通人看得到的。这个佛法虽然是出世间，但它还有一部分是入世间，并不是常常枯燥无味。枯燥的生活不是真正的佛法生活。真正的佛法生活是既出世而又入世，既入世而出世的。这个才是佛法的双行。'据我自己想，当年大师的意思是指李居士没有体谅到当时的苦难人们，不知道他自己的心情，同时也不解佛法的真义。"

2005年9月，李敖来到北京法源寺参观，有记者问李敖："出世和入世相比较，你更喜欢哪一个？"李敖没有正面回答，而是很巧妙地说："能入世才能出世，反过来也一样。"李敖的意思是，如果一个人不能入世，不经过入世的种种，就不能真正体会到人生的百态，既然没有入世，也就谈不上出世。同样，能出世的人，自然已经达到了一个人生境界的高度，自然不会受出尘世的干扰了。如果一个人不能达到既能出世又能入世的境界，那么，也只能说，他还"在世"，并没有达到出世的境界。

如果一个人只管自己"念经吃斋"，不管世人的苦难，那只能说，他是个自私的人，这样的人，缺少博爱的胸怀，根本不是什么"出世"。"出世"是为了更好地"入世"，"入世"又是为了更好地"出世"。以"出世"的心态做人，以"入世"的心态做事。而世人，因为不能够出世，缺乏出世的眼光，看不透世间风云，在红尘中挣扎，不得超脱，又谈什么入世呢？只能说是在尘世中浮沉罢了。

6. 追着别人的幸福跑，你永远不会幸福

公生明，诚生明，从容生明。公生明者，不蔽于私也；诚生明
者，不杂以伪也；从容生明者，不淆于惑也。

——弘一法师《格言别录》

人只有明明白白地认识自己，知道自己的位置，知道自己喜欢
做什么，知道自己人生本来的样子，才能够真正获得幸福。

弘一法师有一次到泉州承天寺与好友性愿法师相聚谈法。当时
正值抗战之时，有一位省府参议厅的官员闻讯来到了寺里，他是受
参议厅之托来邀请大师出山参政的，而且许诺只要大师出山，立即
会委以重任。面对如此送上门来的好事，弘一法师是这样回答的：
"老僧一心向佛，已不宜参与国事，何况国土破碎、日寇入侵。和
尚乃以劝善为己任，对于日寇在国土上犯下的滔天罪行，靠一个老
和尚有何作用，请居士不妨到别的庙里看看。"就这样，弘一法师
婉言谢绝了这位政府大员的盛情之邀。

弘一法师前半生富贵荣华，但他毅然放下这一切，成为一名苦
行僧人。因为他知道自己这一生最想要的是什么，最想做的是什么

事。所以，很多人对弘一法师放着好日子不过的出家行为很不理解。但其实，大师自己是很明白的，自己这样子是很幸福的。

在这个世界上，每个人都是独一无二的。我们不必按着别人的标准去决定自己该做什么、不该做什么，或者因外在的评价和压力而使自己的情绪受到干扰、意志被动摇。一个有主见的人，知道哪个是真正的自己，哪个自己是真正幸福的。一旦看清了自己，就没有任何人、任何事可以影响到我们。

河的南岸住着一个和尚，河的北岸住着一个农夫。和尚每天看农夫日出而作，日落而息，生活很有意思，不像自己这样每天除了敲钟就是念经，令他非常羡慕；而农夫呢，看到和尚每天都是无忧无虑地诵经、敲钟，不用像自己这样面朝黄土背朝天，令他非常向往。

如果能够换一下位置，过一过那样的生活，该有多好。

有一天，他们在桥上相遇，互相诉说了自己对对方的羡慕之情，于是，二人决定互换身份，农夫变成和尚，而和尚则变成农夫。于是，农夫来到庙里念经，和尚来到农夫家里种地。

可是，没几天农夫就发现，其实和尚的日子一点儿也不好过。那种敲钟、诵经的工作，看起来很悠闲，事实上每天重复着单调而琐碎的步骤，既枯燥又乏味，于是，他开始怀念当农夫的生活。种田虽然辛苦，但是每天都有收获，还能和其他农夫一起唱歌聊天。更重要的是，家里还有妻子儿女，虽然不免吵吵闹闹，但乐趣无穷。他异常怀念当农夫时的快乐时光。

而做了农夫的和尚，重返尘世后，痛苦比农夫还要多，面对俗世的烦扰、辛劳与困惑，他非常怀念当和尚的日子。当和尚虽然枯

辑九 华枝春满，天心月圆

燥，但清心寡欲，没有那么多烦恼。敲完了钟、念完了经，吹吹风、赏赏月，人生自有一番清雅乐趣。于是，他每天坐在岸边，羡慕地看着对岸步履缓慢的师兄弟，静静地聆听彼岸传来的诵经声。

这时，他们才明白，从前的日子才是最适合自己的。于是，他们又换回了属于自己的身份，过起了快乐幸福的日子。这时候，和尚看农夫，觉得别人的日子虽然有滋有味，但吵吵闹闹的，哪像自己这样悠闲自在；农夫看和尚，虽然悠闲自在，但枯燥乏味，哪像自己这般有滋有味。

每个人都有自己的生活方式，你也许羡慕别人的生活比你快乐，也许认为别人的日子过得比你有趣，然而，别人的生活再好、再有趣，未必就适合你。

生活中，我们在选择专业、工作、生活方式的时候都会面对这样一个问题——什么是最好的呢？其实，这个世界上根本就没有最好的，只要找到最适合你的，就是找到了最好的。适合自己的生活才是最幸福的。

一个人很苦恼地向一位智者请教："几十年来，我一直在追求真正的幸福，我非常地努力，可为什么我得到的永远都是痛苦呢？"

"你是怎样追求幸福的呢？"智者问。

"年轻时，我住在一个小镇上，我努力让自己成为小镇上最幸福的人；后来，我搬到了一个小城，我努力让自己成为小城里最幸福的人；再后来，我移居到大都市，我又努力让自己成为这个都市里最幸福的人。我一直在追求着幸福，可是幸福就像天边的云彩，总是离我那么远。"中年人愁眉苦脸地说。

"你并没有在追求幸福，又怎么会幸福呢？"

"我一直在追求世上最好的幸福，你怎么能这么说呢？"

"你追求的只是'比别人幸福'，而不是在追求属你自己的幸福！"智者说。

在这个世界上，永远有别人比我们更幸福，当我们总是追求"最幸福"时，便永远无法得到幸福，所以我们便会在烦恼、嫉妒、焦虑和不安的折磨中，产生一种深深的痛苦。事实上，幸福不是同别人比出来的，而是自己感觉出来的。

有位大师说过："玫瑰就是玫瑰，莲花就是莲花，只要去看，不要比较。"的确，别人的优秀和出色，固然可以为我们所借鉴，但自己就是自己，一定要保持自己的本色。

作家劳伦斯·彼德曾经这样评价一些著名歌手："为什么许多名噪一时的歌手最后以悲剧结束一生？究其原因，就是因为，在舞台上他们永远需要观众的掌声来肯定自己。但是由于他们从来不曾听到过自己的掌声，所以一旦下台，进入自己的卧室时，便会觉得特别凄凉，觉得听众把自己抛弃了。"

我们常常在意自己在别人的眼里究竟是什么样的形象，为了给他人留下一个比较好的印象，我们总是揣测别人对自己的看法，尽量让自己符合别人喜欢的那个自己的形象。其实，一个人是否成功，并不在于自己比他人优秀多少，而在于他在精神上能否得到幸福和满足。所以，淡定的人，永远不会在乎别人怎样评价自己，是得是失、是痴是愚、是成是败，这些都不能成为干扰我们幸福的因素。赢又如何，输又如何，我只做我自己，过我自己的日子。我的幸福与任何人无关，只与我自己的心有关。